缝制机械行业职业技能系列培训教材

U0157828

家用缝纫机操作与维护技术

JIAYONG FENGRENJI CAOZUO YU WEIHU JISHU

中 国 缝 制 机 械 协 会
浙江恒强针车集团有限公司
上海上工蝴蝶缝纫机有限公司   联合编写
缙 云 易 顺 电 子 有 限 公 司

中国纺织出版社有限公司

内 容 简 介

本书主要讲述了普通家用缝纫机、电动式家用多功能缝纫机、电脑式家用多功能缝纫机等消费市场上常见家用缝纫机的工作原理、装配工艺、调试检验、使用、保养及维护等内容。本书内容丰富，图文并茂，方便读者阅读和快速查用。

本书可供从事缝纫机装配、操作、保养、维修和管理人员参考和使用，也可供缝纫爱好者自学使用。

图书在版编目（CIP）数据

家用缝纫机操作与维护技术 / 中国缝制机械协会等职合编写 . -- 北京：中国纺织出版社有限公司，2021.3

缝制机械行业职业技能系列培训教材

ISBN 978-7-5180-8038-0

Ⅰ . ①家… Ⅱ . ①中… Ⅲ . ①家用缝纫机 – 使用方法 – 技术培训 – 教材②家用缝纫机 – 维修 – 技术培训 – 教材 Ⅳ . ① TS941.561

中国版本图书馆 CIP 数据核字（2020）第 203640 号

责任编辑：范雨昕　　责任校对：寇晨晨　　责任印制：何 建

中国纺织出版社有限公司出版发行
地址：北京市朝阳区百子湾东里A407号楼　邮政编码：100124
销售电话：010—67004422　传真：010—87155801
http://www.c-textilep.com
中国纺织出版社天猫旗舰店
官方微博 http://weibo.com/2119887771
北京市密东印刷有限公司印刷　各地新华书店经销
2021年3月第1版第1次印刷
开本：787×1092　1/16　印张：8.5
字数：138千字　定价：198.00元

凡购本书，如有缺页、倒页、脱页，由本社图书营销中心调换

序

缝制机械是浓缩人类智慧的伟大发明。200多年来，无论是在发源地欧美，还是在如今的世界缝制设备中心——中国，缝制机械持续创新演变，结构不断优化，技术不断进步，功能不断增强，服务对象不断拓展，其对从业者的技能要求也日新月异，由此催生了无数能工巧匠。

据统计，目前全国从事缝制机械整机制造、装配、维修、服务的从业人员约有15万人。长期以来，提高缝制机械行业从业人员的技能水平和综合素养，加快行业职业技能人才队伍建设一直是中国缝制机械协会（以下简称协会）的重要任务和使命。从20世纪初开始，协会即着手联合相关企业、院所及专业机构，组织聘请各类行业专家，致力于适合行业发展状况、满足行业发展需求的新型职业技能教育体系的构建和完善。几年间，协会陆续完成行业职业技能培训鉴定分支机构体系的组建、《缝纫机装配工》国家职业标准的编制以及近百人的行业职业技能考评员师资队伍培育。2008年，《缝制机械装配与维修》职业技能培训教材顺利编写、出版，行业各类职业技能培训、鉴定及技能竞赛活动随之如火如荼地迅速开展起来。

在协会的引导和影响下，目前行业每年均有近5000名从业人员参加各类职业技能培训和知识更新，大批从业员工通过理论和实践技能的培训和学习，技艺和能力得到质的提升。截至2016年，行业已有6000余人通过职业技能考核鉴定，取得各级别的缝纫机装配工/维修工国家职业资格证书。一支满足行业发展需求、涵盖高中低梯次的现代化技能人才队伍已初具规模，并在行业发展中发挥着越来越重要的作用。

然而，相比高速发展的行业需求，当前行业技能员工整体素质依然偏低，高技能专业人才匮乏的现象仍然十分严峻。"十三五"以来，随着行业技术的快速发展，特别是新型信息技术在缝机领域的迅速普及和融合，自动化、智能化缝机设备大量涌现，行业从业人员技能和知识更新水平明显滞后，《缝制机械装配与维修》职业标准及其配套职业技能培训教材亟待更新、补充和完善。

2015年，新版《中华人民共和国职业分类大典》完成修订并正式颁布。以此为契机，协会再次启动了职业技能系列培训教材的改编和修订，在全行业广大企业和专家的支持下，通过一年多的努力，目前该套新版教材已陆续付梓，希望通过此次对职业培训内容系统化的更新和优化，与时俱进地完善行业职业教育基础体系，进一步支撑和规范行业职业教育及技能鉴定等相关工作，更好地满足广大缝机从业人员、技能教育培训机构及专业人员的实际需求。

"人心惟危，道心惟微"，优良的职业技能和职业技能人才队伍是行业实现强国梦想的重要组成部分。在行业由大变强的当下，希望广大缝机从业者继续秉承我们缝机行业所具有的严谨、耐心、踏实、专注、敬业、创新、拼搏等可贵品质，继续坚持精益求精、尽善尽美的宝贵精神，以"大国工匠"为使命担当，在新的时期不断地学习，不断地提升和完善自身的技艺和综合素质，并将其有效地落实在产品生产、服务等各个环节，为行业、为国家的发展腾飞，做出积极贡献。

中国缝制机械协会　理事长

2020年5月16日

前言

鉴于在高校和职业技术学院没有开设缝制机械相关专业的实际情况，而行业又十分缺乏懂得自动化、智能化缝制设备原理、功能及操作维修的技术人才，中国缝制机械协会组织行业骨干企业编写了缝制机械的系列教材，内容涉及缝制机械基础、家用缝纫机、平缝机、包缝机、绷缝机、锁眼机、钉扣机、套结机以及缝制单元、铺布裁剪吊挂等设备。

本书是其中一册，主要内容包括：缝纫机概述、普通家用缝纫机、电动式家用多功能缝纫机、电脑式家用多功能缝纫机等，具体涉及家用缝纫机主要机构及工作原理、装配工艺及流程、整机调试和检验、操作和使用等，内容丰富，真正实现一书在手，家用缝纫机知识全覆盖。

该书由浙江恒强针车集团有限公司智勇、上海上工蝴蝶缝纫机有限公司杨旭东和缙云易顺电子有限公司吕方苹共同编写，其中第一、第三及第四章由智勇编写，第二章由杨旭东编写，吕方苹参与电脑式家用缝纫机电控系统的编写。中国缝制机械协会和浙江恒强针车集团有限公司共同确定了该书的总体框架结构和主要内容。

由于编者水平有限，书中难免存在疏漏和不妥之处，欢迎读者批评指正！

编　者
2020年5月

目录

第1章　概述 ……………………………………………………………………… **1**

1.1　缝纫机的诞生及发明史 ……………………………………………………… 1

　1.1.1　缝纫机的发明 ………………………………………………………… 1

　1.1.2　缝纫机的发展 ………………………………………………………… 2

　1.1.3　国内缝纫机发展概况 ………………………………………………… 2

1.2　缝纫机分类 …………………………………………………………………… 4

　1.2.1　按缝纫机的线迹分类 ………………………………………………… 4

　1.2.2　按缝纫机的用途分类 ………………………………………………… 5

　1.2.3　按缝纫机的驱动形式分类 …………………………………………… 5

第2章　普通家用缝纫机 ………………………………………………………… **7**

2.1　普通家用缝纫机的特点、用途和类型 ……………………………………… 7

　2.1.1　普通家用缝纫机的特点 ……………………………………………… 7

　2.1.2　普通家用缝纫机的用途 ……………………………………………… 7

　2.1.3　普通家用缝纫机的类型 ……………………………………………… 7

2.2　普通家用缝纫机的线迹及形成过程 ………………………………………… 8

　2.2.1　缝纫机的线迹 ………………………………………………………… 8

　2.2.2　缝纫机线迹的形成过程 ……………………………………………… 9

2.3　普通家用缝纫机的机构和工作原理 ……………………………………… 10

　2.3.1　刺料机构 ……………………………………………………………… 11

　2.3.2　挑线机构 ……………………………………………………………… 12

　2.3.3　勾线机构 ……………………………………………………………… 13

　2.3.4　送料机构 ……………………………………………………………… 14

　2.3.5　绕线机构 ……………………………………………………………… 15

2.4　普通家用缝纫机机头的装配调整和技术要求 …………………………… 16

　2.4.1　装配注意事项 ………………………………………………………… 16

　　2.4.2　上轴装配与要求 ……………………………………………………17

　　2.4.3　挑线杆装配与要求 ……………………………………………………18

　　2.4.4　针杆组件装配与要求 …………………………………………………19

　　2.4.5　压紧杆装配与要求 ……………………………………………………20

　　2.4.6　送布轴装配与要求 ……………………………………………………21

　　2.4.7　抬牙轴装配与要求 ……………………………………………………21

　　2.4.8　下轴装配与要求 ………………………………………………………22

　　2.4.9　牙叉装配与要求 ………………………………………………………22

　　2.4.10　大连杆装配与要求 ……………………………………………………24

　　2.4.11　摆轴装配与要求 ………………………………………………………25

　　2.4.12　梭床装配与要求 ………………………………………………………25

　　2.4.13　压脚的调整与要求 ……………………………………………………27

　　2.4.14　面板的装配与要求 ……………………………………………………28

　　2.4.15　绕线器组的装配与要求 ………………………………………………28

　　2.4.16　手轮的装配与要求 ……………………………………………………29

　　2.4.17　整机检验 ………………………………………………………………29

　2.5　缝纫机机头、机架台板的总装 ……………………………………………30

　　2.5.1　机架装配 …………………………………………………………………30

　　2.5.2　机头与台板拆装 …………………………………………………………31

　2.6　普通家用缝纫机机头的拆卸方法 …………………………………………31

　　2.6.1　拆卸机头表面零件 ………………………………………………………32

　　2.6.2　拆卸压脚部分组件 ………………………………………………………32

　　2.6.3　拆卸针杆部分组件 ………………………………………………………32

　　2.6.4　拆卸下轴机构组件 ………………………………………………………33

　　2.6.5　拆卸大连杆组件 …………………………………………………………33

　　2.6.6　拆卸送布组件 ……………………………………………………………33

　　2.6.7　拆卸上轴组件 ……………………………………………………………33

　2.7　普通家用缝纫机的使用与保养 ……………………………………………34

　　2.7.1　普通家用缝纫机机针、缝线、缝料的选配 ……………………………34

　　2.7.2　普通家用缝纫机的保养 …………………………………………………34

　　2.7.3　家用缝纫机常见故障、产生原因及处理方法 …………………………35

3.1 主要机构及工作原理 ……………………………………………………37

   3.1.1 刺料机构 ……………………………………………………………37

   3.1.2 挑线机构 ……………………………………………………………38

   3.1.3 勾线机构 ……………………………………………………………38

   3.1.4 送料机构 ……………………………………………………………38

   3.1.5 曲折缝机构 …………………………………………………………39

   3.1.6 针距调节与倒缝机构 ………………………………………………39

   3.1.7 压脚机构 ……………………………………………………………42

   3.1.8 夹线与过线机构 ……………………………………………………42

   3.1.9 绕线机构 ……………………………………………………………42

   3.1.10 电动机及脚踏控制器 ……………………………………………43

3.2 装配工艺及流程 …………………………………………………………43

   3.2.1 安装上轴组件 ………………………………………………………43

   3.2.2 安装挑线杆组件 ……………………………………………………43

   3.2.3 安装针板 ……………………………………………………………44

   3.2.4 安装花模组件 ………………………………………………………44

   3.2.5 安装压杆组件 ………………………………………………………44

   3.2.6 安装针杆组件 ………………………………………………………45

   3.2.7 装诱导板及调整爪开、振分、L限定和针流 ……………………45

   3.2.8 安装针距调节器 ……………………………………………………47

   3.2.9 装送料台组件 ………………………………………………………47

   3.2.10 装梭床组件 …………………………………………………………48

   3.2.11 装下轴组件和调整针梭配合位置 …………………………………48

   3.2.12 装牙叉组件及抬牙组件 ……………………………………………49

   3.2.13 装绕线器组件 ………………………………………………………49

   3.2.14 安装电气组件 ………………………………………………………49

   3.2.15 安装夹线器组件 ……………………………………………………50

   3.2.16 调整送料牙高度和送料零点以及伸缩缝图案 …………………51

   3.2.17 安装外壳 ……………………………………………………………51

3.3 整机调试和检验 …………………………………………………………52

　　3.3.1　产品质量要求 ……………………………………………………52

　　3.3.2　检验方法 …………………………………………………………53

　3.4　缝纫机的操作与使用 ……………………………………………………57

　　3.4.1　各部分组成 …………………………………………………………57

　　3.4.2　缝纫机操作和使用 …………………………………………………58

　　3.4.3　实用线迹 ……………………………………………………………66

　　3.4.4　机器保养 ……………………………………………………………73

　　3.4.5　常见故障及排除 ……………………………………………………75

　　3.4.6　安全须知 ……………………………………………………………76

第4章　电脑式家用多功能缝纫机 ————————————— **78**

　4.1　主要机构及工作原理 ……………………………………………………78

　　4.1.1　刺料机构 ……………………………………………………………78

　　4.1.2　挑线机构 ……………………………………………………………79

　　4.1.3　勾线机构 ……………………………………………………………79

　　4.1.4　送料机构 ……………………………………………………………80

　　4.1.5　曲折缝机构 …………………………………………………………80

　　4.1.6　针距调节机构 ………………………………………………………81

　　4.1.7　压脚机构 ……………………………………………………………81

　　4.1.8　夹线与过线机构 ……………………………………………………82

　　4.1.9　绕线机构 ……………………………………………………………82

　　4.1.10　电控系统 …………………………………………………………83

　4.2　装配工艺及流程 …………………………………………………………83

　　4.2.1　安装上轴组件 ………………………………………………………84

　　4.2.2　安装下轴组件 ………………………………………………………84

　　4.2.3　安装旋梭 ……………………………………………………………84

　　4.2.4　安装送料组件 ………………………………………………………84

　　4.2.5　安装针距调节组件 …………………………………………………85

　　4.2.6　安装内釜及调整内釜摆动间隙 ……………………………………86

　　4.2.7　安装针板组件 ………………………………………………………87

　　4.2.8　安装压杆组件 ………………………………………………………87

　　4.2.9　安装挑线杆组件 ·· 88

　　4.2.10　安装曲折缝组件 ·· 89

　　4.2.11　调整机针高度及穿线器位置 ······················· 89

　　4.2.12　调整送料时间 ·· 89

　　4.2.13　调整针隙 ·· 90

　　4.2.14　调整针梭交会位置 ·· 91

　　4.2.15　调整送料牙高度 ·· 92

　　4.2.16　安装绕线器组件 ·· 92

　　4.2.17　安装夹线器组件 ·· 92

　　4.2.18　安装电控组件 ·· 93

　　4.2.19　调整伸缩缝零位 ·· 93

　　4.2.20　安装外观组件 ·· 94

　4.3　整机调试和检验 ··· 95

　　4.3.1　产品质量要求 ·· 95

　　4.3.2　检验方法 ·· 96

　4.4　电脑式家用多功能缝纫机操作与使用 ························ 99

　　4.4.1　各部分组成 ·· 99

　　4.4.2　缝纫机操作 ·· 99

　　4.4.3　线迹功用及缝制方法 ·· 109

　　4.4.4　保养缝纫机 ·· 118

　　4.4.5　常见故障及排除 ·· 119

参考文献 ··· 121

第1章

概述

1.1 缝纫机的诞生及发明史

1.1.1 缝纫机的发明

缝纫机从发明到被人们所接受经历了多次反复和迂回曲折的过程，也留下了一些令人难忘的记忆。

18世纪，英国的工业大革命促进了纺织工业的发展，织物产量猛增，这使当时服装低效的手工缝纫与大量需求成为突出的矛盾，迫切要求手工缝纫机械化。在这种背景下人们开始研究缝纫机，但开始制造时都因坚持模仿手工缝纫机械化而没有成功。1755年，在英国工作的德国人查尔斯·F·威森撒尔发明出穿线孔在中间、两头有针尖的绣花针，这一小小的发明竟为以后的缝纫机发明奠定了基础。

1790年，英国人托马斯·赛特发明了世界上第一台先打孔后穿线缝制皮鞋的单线链式线迹缝纫机，但他的发明一直搁置在专利机构。1793年，德国人巴塞扎尔·克雷姆斯发明了缝纫机针穿线孔设在针尖部位的缝纫机。同年，奥地利裁缝约瑟夫·马德斯柏格发明了直线缝纫机，并制造出一批有实用价值的缝纫机，取得了专利。但他的发明受到裁缝的蔑视和嘲笑。

1830年，法国裁缝巴特勒米·蒂莫尼埃发明机针带钩子的链式线迹缝纫机，于1840年制造了80台用来缝制军服，速度只有100r/min，却被手缝工人捣毁。1834年，美国机械工人袄尔特·亨特发明了第一台用两根缝线、针尖带穿线孔的机针和横向摆动梭子的锁式线迹缝纫机，他把发明权卖给了别人，后来也未能实现生产。

1844年，美国人埃利阿斯·豪发明了类似亨特发明的锁式线迹缝纫机，速度高达400r/min。他用发明的缝纫机缝制了两套服装，并在服装厂展示，同5名熟练女工竞赛，取得了胜利。但这家服装厂害怕手缝工人失业，加之有些其他顾虑，便把他解雇了。

1845~1854年是缝纫机发明的黄金时代，那时发明的许多机构至今仍在使用，如艾伦·本杰明·威尔斯发明的旋梭和送布牙送料机构等。特别是1850年，世界缝纫机工业的奠基人，美国艾萨克·梅里特·胜家发明锁式线迹缝纫机以后，就立即建立胜家公司进行生产，同时继续研究和购买其他发明专利，不断改进他的缝纫机。所以说缝纫机是许多发明家的共同产物。

1.1.2 缝纫机的发展

发明缝纫机开始是为了代替手工缝纫，初期大部分是手摇缝纫机。1858年，胜家公司生产出第一台家用缝纫机。

1862年，德国人制成第一台工业缝纫机。1879年，胜家公司发明了圆摆梭，为以后家用和低速工业用缝纫机打下基础。同年，美国人查尔斯·菲舍发明曲折线迹缝纫机。

1889年，胜家公司生产出世界第一台电动缝纫机，从此开创了缝纫机工业的新纪元，缝纫机速度很快提高到3000r/min。进入20世纪，缝纫机随着科学技术的进步而迅速发展，并取得了革命性的突破。1907年，日本开发出凸轮控制的自动曲折缝缝纫机。1957年，出现自动锁纽孔机构的多功能机。1965年，胜家公司推出了自动剪线装置，使缝制功效提高20%以上，实现了工业机械自动化。1975年，胜家公司又发明了世界第一台电脑控制多功能家用缝纫机，以后又逐步用于工业机，从此缝纫机开始从机械技术进入机械电子技术时代。

随着科学技术的不断发展，新型材料和新技术不断地应用于缝纫机的生产制造上，使缝纫机的水平有了较大的提高。目前世界上缝纫机的种类已超过一万种，特别是近二十几年来，市场上不但出现多功能缝纫机、自动缝纫机，而且还出现电脑控制缝纫机和智能缝纫机及无人缝纫机工作站。缝纫机速度也实现了历史性的跨越，从手摇机不足200针/min，到脚踏机800针/min，从电动缝纫机3000针/min，到现在的高速平缝机5000~6000针/min，包缝机速度甚至达到7000~10000针/min。

1.1.3 国内缝纫机发展概况

1890年，我国从美国引进了第一台缝纫机。19世纪末20世纪初缝纫机作为商品在我国批量出现。1905年，上海开设了缝纫机维修商店，制作一些简单的零部件。20世纪20~30年代，是我国缝纫机整机生产的萌芽时期。国外缝纫机产品的不断流入，国内缝纫机的贸易和维修业随之不断发展，国内缝纫机零件生产的品种、数量不断增多，为我国缝纫机整机生产创造了市场条件，提供了生产技术，培养了缝纫机的生产、销售等专门人才。尤其在上海、广州等地区，我国早期的缝纫机企业家开始组织生产和销售自己的缝纫机，比较有代表性的是上海协昌缝衣机器公司、阮耀记缝衣机器无限公司、广州冠星衣车行等。

1926年，长期进行缝纫机销售和维修的上海协昌缝衣机器公司率先设厂，这是国人创办缝纫机整机工业的开端。1927年，上海协昌缝衣机器公司首次自己组织试制装配成功了25K-55型草帽缝纫机，产品商标定名为"红狮"牌，这是我国首架国产缝纫机，为中国缝纫机工业揭开了新的一页。1928年，家住上海龙华的计俊桢对美国胜家公司长期垄断上海缝纫机市场的局面深感忧虑，携挚友冼冠生等人在上海谨记路（现宛平路肇嘉浜路南侧）开设上海胜美缝纫机厂（取名胜美即有要胜过美国、胜过胜家之意），成功试制出第一台国产家用缝纫机，成为中国家用缝纫机工业的起点。

1940年，上海协昌缝衣机器公司开始采用委托外加工机壳，自制零件、协作零件组装15-80、15-35型家用缝纫机，产品使用"金狮"牌商标，到1946年，协昌公司将"金狮"牌商标更名为"无敌"牌，意谓"无敌天下"（1966年起改为"蝴蝶"牌，并使用至今），以突出其在同行业中的领先地位。1947年，协昌公司为促销产品和帮助用户掌握缝纫技巧，在上海陕西北路209号开设富艺缝绣学校，开创行业销售培训之先河。与此同时，阮耀记缝衣机器无限公司所生产的"飞人"牌缝纫机商标被批准注册，并在后来发展成规模很大的飞人机械公司。截至1949年，据不完全统计，全国缝纫机工业从业人员仅500人，年产量仅4000台。

中华人民共和国成立以后的上海，是我国缝纫机生产和销售恢复最快的地区，主要有协昌、惠工、阮耀记等整机生产企业和相配套的零件企业。上海惠工铁工厂是我国缝纫机行业第一家公私合营企业，在当年就生产了15-80（JA1-1）型家用缝纫机390台，整机商标定为"标准"牌，零件商标定为"工"字牌。1954年，上海远东缝纫机厂（上海缝纫机三厂的前身）成立，厂址浦东上海路3100号，商标为"蜜蜂"牌。同年，阮耀记缝衣机器股份有限公司收归国有，于是全国第一家国营缝纫机厂——地方国营上海第一缝纫机器制造厂成立。

在国民经济恢复时期，上海地区缝纫机行业的生产和销售得到了飞速的发展，各地的销售商络绎不绝涌入上海，一时间缝纫机行业生意兴隆。1950年，上海协昌缝纫机器制造厂的"无敌"牌、惠工缝纫机制造厂的"标准"牌和广州华南缝纫机厂的"华南"牌家用缝纫机相继出口至香港、澳门地区。到1957年，全国已拥有上海协昌缝纫机厂、惠工缝纫机厂、远东缝纫机厂、上海缝纫机一厂和广州华南缝纫机厂、天津华北缝纫机厂、山东青岛缝纫机厂、辽宁沈阳缝纫机厂8个整机厂，年产量25.5万台。在这一时期，我国缝纫机工业大规模改组改造，家用缝纫机高速发展，逐步形成相对完整的家用机制造体系。

20世纪60年代，我国轻工业部为了促进缝纫机产品质量的提高和市场的稳定发展及生产能力的扩大，集中做了两项重要工作：一是统一家用缝纫机的标准工作，这是我国缝纫机标准化工作的重要开端；二是进行家用缝纫机产品质量评比，首次组织开展的全国家用缝纫机质量评比中，"无敌"牌名列第一。在新产品的开发和技术创新方面，广州华南缝纫机制造厂生产出我国第一台JG1-1型多功能家用缝纫机，接着又试制投产可缝制各种厚、薄衣料的JB2-1型家用缝纫机和除了可以缝厚、缝薄，还可绣花的JB2-2型家用缝纫机。

20世纪70~80年代，是我国缝纫机工业的第一个大发展时期，家用缝纫机得以快速发展，全国年产量1280余万台，成为世界家用缝纫机生产的第一大国。1980年，我国第一台电脑家用缝纫机在上海市缝纫机研究所诞生（世界第一台电脑缝纫机由美国胜家公司于1974年研制成功）。由于我国人口众多，人民消费水平不高，市场服装成衣化程度不高，家家户户自己买布做衣服，于是在数亿个家庭需求的市场拉动下，家用缝纫机的发展持续了30多年。改革开放后，除"蝴蝶""飞人""蜜蜂""华南""标准""牡丹"六大名牌家用缝纫机仍需凭票供应外，其余均敞开供应，家用缝纫机供不应求的局面才得以缓和。

80年代中期，随着改革开放政策的推行，全国服装、鞋帽、箱包等劳动密集型行业发展迅速，一时间，成衣供应量迅速扩大，成衣价格下降，社会服装成衣化供应比例明显提高，家庭自己缝纫衣服的比例迅速下降，家用缝纫市场开始逐渐萎缩，而工业缝纫机占总产量的比例不断扩大。据资料统计，1989年我国缝纫机整机生产厂有78家，其中家用缝纫机生产企业31家，与1982年相比减少36%；1989年缝纫机年产量970.7万台，其中家用机产量847.7万台，与1982年相比减少24.5%。90年代初是我国缝纫机行业第二个大发展时期，在巨大的就业需求和消费需求的带动下，我国缝纫机行业从以家用缝纫机为主的产业，迅速完成了从家用缝纫机向工业缝纫机的产品结构调整，家用缝纫机的年产量从1982年的1250万台下降到1993年的557.2万台。

据国家统计局抽样调查，1991年我国家用缝纫机社会总拥有量约为1.38亿台，与我国总户数2.95亿户相比，约为平均每2户就有一台家用缝纫机。20世纪90年代起，造型美观、性能优良的多功能电动家用缝纫机先由日本缝纫机企业在中国投资的企业大量生产，随后浙江飞跃缝纫机集团、浙江恒强针车集团等企业先后开始生产多功能电动家用缝纫机，使我国多功能电动家用缝纫机生产的年产量达到100多万台，生产能力超过200万台，产品主要出口国际市场。

1992年，"蝴蝶"牌被正式批准为"中国驰名商标"。1994年，上海协昌缝纫机厂与美国胜家缝纫机有限公司合资筹建的中外合资胜家缝纫机有限公司在上海闵行开发区正式开业，主要生产多功能家用缝纫机。2001年初，国内缝纫机行业第一家上市股份制公司上工股份有限公司出资1500多万元，购买"蝴蝶""蜜蜂"两大家用机品牌。

进入21世纪以来，随着中国缝制机械协会以及业内企业对缝制文化的推动，国内家用机市场消费氛围越来越好。目前，国内多功能家用缝纫机的消费人群主要集中于北京、上海等大中型城市的中老年客户以及新城市白领和"准妈妈"族。近年来，DIY生活方式的流行以及拼布艺术的不断推广也使部分乐于通过手工创作来放松生活、提升品位的白领丽人和大学生开始关注多功能家用缝纫机。

随着国有企业改组改造和结构调整步伐的加快，缝纫机行业的民营企业犹如雨后春笋般迅速发展，浙江地区、广州地区等全国各地涌现了一大批管理好、产品精、效益高的民营企业。这些企业凭借灵活的机制和对市场机遇敏锐的把握，迅速抢占市场，并发展成为缝纫机行业不可小觑的中坚力量。

1.2　缝纫机分类

缝纫机的分类方法很多，比较普遍的是按线迹和用途区分。

1.2.1　按缝纫机的线迹分类

缝纫机的线迹可归纳为锁式线迹和链式线迹两类，故按缝纫机的线迹分类，缝纫机可分为锁式线迹缝纫机和链式线迹缝纫机。

（1）锁式线迹最常见，它由两根缝线组成，底线和面线相互交织，其交织点在缝料中间。从线迹的横截面看，两缝线像两把锁相互锁住一样，因而称为锁式线迹。这种线迹用于收缩率小的棉、毛织物或皮革等缝料，正面和反面线迹形状相同，如同一条虚线。锁式线迹分布密实，缝纫的牢度一般超过手工缝纫。

（2）链式线迹是由缝线的线环自连或互连而成，常用的有单线链式、双线链式和三线包缝线迹。这种线迹的特点是线迹富有弹性，能随缝料一起伸缩而不会绷断缝线，适用于缝制弹性织物的服装或包缝容易松散的制品和衣坯等。

1.2.2　按缝纫机的用途分类

按照缝纫机的用途，可分为工业用缝纫机、职业用缝纫机和家用缝纫机三大类。

（1）工业缝纫机。此类缝纫机是适于缝纫工厂或其他工业部门中大量生产用的缝制面料等的缝纫机。工业缝纫机的特点是功能单一、高缝纫质量、高效率，机器转速一般在2000r/min以上，需要对操作人员进行专门的培训。

（2）职业用缝纫机。此类缝纫机是面向服装设计师、裁缝店等领域开发的缝纫机，机器转速在1000~2000r/min，有较高的缝纫质量和效率，同时又比工业缝纫机易于使用。包括直线专用机、锁边机，也包括曲折缝和缝绣一体机等。

（3）家用缝纫机。此类缝纫机适用于家庭等缝艺爱好者使用，集直线缝、曲折缝、锁眼等功能于一身，一般采用电动机驱动，老式的家用缝纫机采用人力驱动（脚踏或手摇传动），一般只能缝直线。

1.2.3　按缝纫机的驱动形式分类

根据家用缝纫机的驱动形式，又可分为普通家用缝纫机、电动式家用多功能缝纫机、电子式家用多功能缝纫机和电脑式家用多功能缝纫机四类。

（1）普通家用缝纫机（俗称黑头机），一般采用人力驱动（脚踏或手摇传动），一般只能缝直线，目前已经逐步退出国内市场，但在中东、非洲等欠发达地区，仍有很大的市场。

（2）电动式家用多功能缝纫机，采用交流电动机驱动，通过脚踏控速器改变电压来控制电动机转速，机构的转矩大小直接影响速度的控制。实用针迹和装饰花样的形成由内置的振幅凸轮和送布凸轮组合产生；能缝纫的花样种类与机器内置的凸轮片数量直接相关；受制于机壳的空间，能缝纫的花样一般在35种以下。电动式家用多功能缝纫机是目前市场上的主流机种。

（3）电子式家用多功能缝纫机，在电动式家用多功能缝纫机的基础上，增设速度传感器，检出机器转速后由内设的微控制器进行速度控制；一般电子缝纫机都设有速度调节拨杆、启停按钮、针位按钮等便于用户使用的功能；与电动式家用多功能缝纫机相比，电子式家用多功能缝纫机具有以下优点：对厚料的穿透力增强；在结束缝纫时，可以控制机针停止位置（上、下）；但电子式家用多功能缝纫机的花样形成机构与电动式家用多功能缝纫机相同，能缝纫的花样种类同样受限制。随着电脑式家用多功能缝纫机的普及，电子式家用多功能缝纫机已经少有人问津。

（4）电脑式家用多功能缝纫机，内置微型电脑模块，花样由微控制器驱动步进电动机控制振幅和送布量来形成；内置存储器中预设多种实用花样，能够实现缝字、缝复杂图案，还可以实现自动调节线张力、自动锁眼、缝纫起始结束时自动倒缝、一键设置花样等功能。由于采用了微电脑模块，机器的安全性和易用性有了大幅度的提高，大大改善了客户体验。随着电脑式家用多功能缝纫机的价格降低，已经受到越来越多的缝艺爱好者的青睐。

复习思考题

1. 简述家用缝纫机的类别。
2. 简述国内缝纫机的发展概况。
3. 你知道哪些缝纫机品牌？

第2章

普通家用缝纫机

2.1 普通家用缝纫机的特点、用途和类型

2.1.1 普通家用缝纫机的特点

普通家用缝纫机属于平缝机机型，机头为平板型，缝纫速度一般不超过1000r/min，缝纫线迹为双线锁式线迹，采用脚踏、手摇或电动机驱动方式。

2.1.2 普通家用缝纫机的用途

普通家用缝纫机适应如棉布、绸缎、呢绒、卡其布、牛仔布及化纤纺织品等薄料和中厚面料的家庭缝制。

2.1.3 普通家用缝纫机的类型

缝纫机的制造在我国已有近百年历史，但中华人民共和国成立前一直停留在修配和仿造的阶段，缝纫机的名称型号也沿用国外的名称型号。中华人民共和国成立后，由于缝纫机行业的迅速发展，1957年，中央轻工业部召开的全国性的自行车缝纫机专业会议上，制订了我国缝纫机的统一型号，并在1958年正式颁布。家用机型号的第一位字母"J"是"家"的拼音"JIA"的第一个字母，表示家用。第二位字母按缝纫机的机构和线迹形式分类，共分了24类。第三位表示这款机型的第一种型号。第四位表示在原有型号的基础上的改进型。家用缝纫机通过不断地开发和改进，产生了较多的类型和规格，70~90年代我国生产的家用机主要分为JA型、JB型、JC型、JH型四大类型，每一种类型又派生出许多规格的机型。

JA型家用机是采用凸轮挑线结构和摆梭结构的直线型双线锁式线迹，机器采用流线型外形，具有缝纫性能稳定，结构精密耐用，零件互换性强及性价比高等特点。JA型家用机是目前市场的主要产品。JA1-1基础型，采用封闭式梭床、长针杆无衬套。JA2-1型，采用开启式梭床、短针杆加衬套、圆盘式倒顺送料机构。JA2-2型在JA2-1型的基础上增加揿压式压脚压力调节、旋钮式送布牙升降机构，使用者操作更方便快捷。

JB型家用机采用连杆挑线、摆梭结构、前置式夹线器，直线型双线锁式线迹，噪声低，运转速度快。

JC型家用机采用连杆挑线、旋梭结构和齿轮传动，直线型双线锁式线迹，零件精度高，已不生产。

JH型家用机属于多功能家用机系列，针杆采用凸轮摆动结构，可以实现直线缝和曲折缝纫线迹，通过凸轮的切换，可以缝制多种有规则的曲折花纹，还可以通过更换压脚等附件进行锁眼、拼缝、钉扣、锁边等功能，是比较新颖的家用缝纫机。

2.2 普通家用缝纫机的线迹及形成过程

2.2.1 缝纫机的线迹

普通家用缝纫机的线迹属于双线锁式线迹，使两根线在缝料中间绞合，当面线通过缝纫机针引入缝料的下面并形成一个线环，通过摆梭托和摆梭的运转，绕过梭壳中的底线，然后再向上收紧，在两层缝料间和底线组成一个绞合点，通过如图2-1所示的5个步骤，周而复始上述动作，即形成一组双线锁式线迹，其不同于手工缝制线迹，通过图2-2缝纫机线迹和图2-3手工缝线迹可以区别。

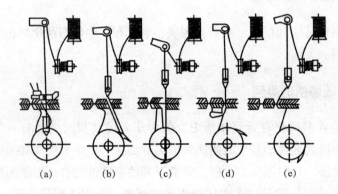

(a)　　　(b)　　　(c)　　　(d)　　　(e)

图2-1 缝纫锁式线迹形成过程

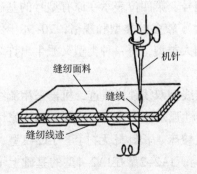

图2-2 缝纫机线迹

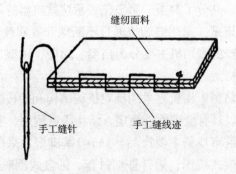

图2-3 手工缝线迹

2.2.2 缝纫机线迹的形成过程

缝纫机通过机械运动把面线和底线绞在一起，形成双线锁式线迹。各种缝纫机形成双线锁式的方式各不同，家用机中最常见的是摆梭机构，其形成一个线迹的过程时间正好是主轴转动一周，这一周可以划分为几个过程。

首先，将面线从线团拉出在夹线器的夹板中间通过，使面线具有一定的张力，然后穿过挑线杆，再经过线钩穿入机针孔，如图2-4所示。将绕好线的梭芯装入梭壳内，线从梭壳的线槽中通过，朝梭皮处引出，拉底线时也有一定张力，但小于面线张力，如图2-5所示。

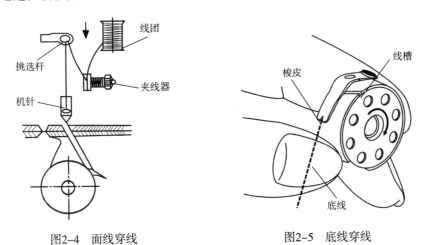

图2-4 面线穿线　　　　　　　图2-5 底线穿线

（1）线环的形成。机针从最高位置向下运动，在机针没有接触缝料之前，挑线杆是向上运动去完成收紧上一个线迹的工作，并从线团里拉出形成下一个线环所需的面线。同时，送布牙也完成向前推送缝料的动作，开始向针板下方运动。此时摆梭已经开始逆时针方向旋转（面对摆梭侧），当机针运动到最低位置时，摆梭尖离机针达到最大距离，供机针形成足够的线环。在这期间挑线杆是向下运动以松弛面线。接着机针开始回升，在机针短槽一侧（即靠摆梭尖运转轨迹的一侧）形成线环。在线环形成最佳状态时，挑线杆暂停向下运动，以免影响线环的形状。这时送布牙在针板下面的位置返回，所以对线环和缝料均无影响，如图2-6所示。

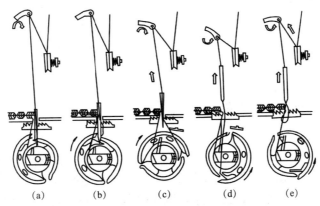

(a)　　　(b)　　　(c)　　　(d)　　　(e)

图2-6 面线与送布牙、摆梭的运转原理

（2）勾线和扩大线环。如图2-6所示，在机针开始从最低位置向上回升时，摆梭也从逆时针方向的极限位置开始向顺时针方向转动（摆梭的最大返回量）；当机针从最低位置回升2~2.5mm时，线环形成最佳的形状，摆梭尖正好到达机针短槽处，并与机针重合，钩住了面线的线环；摆梭继续顺时针旋转，梭床盖的分线斜面将线环分到摆梭的两侧；使线环扩大并绕过装在摆梭内的梭心套。在此期间，挑线杆迅速下降，以供给摆梭扩大线环所需的线量。机针继续向上运动退出缝料。此时，送布牙在针板下面也回到起始位置，并向上运动。

（3）收线和送料。如图2-6所示，当摆梭勾住线环刚绕过梭心套中心线时，挑线杆就开始向上运动；由于夹线器侧面对面线通过时产生的阻力，给机针的面线线环造成一个拉力，面线紧贴在梭心套外壁上通过。随着摆梭到达顺时针方向的极限位置和挑线杆的向上运动，在面线的拉力作用下，线环脱离摆梭叉口处的斜面，向上收缩。由于底线位于梭芯套之中，当线绕过梭心套时，面线也就套住了底线。就在线环收缩到接触底线时，摆梭又开始向逆时针方向旋转。此时，挑线杆继续向上运动，把收小的线环从摆梭尾部与摆梭托的空隙中（0.35~0.55mm间隙）拉出来；此时，送布牙已露出针板，机针也上升到最高位置。

摆梭逆时针转动时，利用其外侧的翼形斜面给底线施加一定的张力，此张力与梭皮对底线的压力相配合，与面线对它的拉力相对应，以收紧底线和从梭心中拉出供下一个线迹使用的底线线段。随着挑线杆的继续上升，加上送布牙向前送布时对缝线的作用力，使套住底线的面线线环收紧在两层缝料的中间，形成一个双线锁式线迹。随着机针的向下运动，又开始下一个线迹的循环过程。

双线锁式线迹的形成过程犹如搓绳一样，因此，从原理上讲，线迹歪斜是必然的。但是，通过对零件过线处表面粗糙度的减小和底面线张力的调节均匀，可减少歪斜程度。在倒缝时，因其送料方向相反，底面线绞合时的复杂程度增加，所以歪斜程度比顺缝时要大得多。

由于普通家用缝纫机的最高缝速一般不超过1000r/min，在这极为短促的时间里，要完成这些复杂的动作，不但要求机器的各部分动作十分正确和协调，而且对机器的精度和零件粗糙度也提出了较高的要求。

缝纫机的线迹有很多种，除上面介绍的摆梭勾线形成的双线锁式线迹外，还有链式线迹、包缝线迹等多种线迹。显然，各种线迹形成所需的机构是不同的。就是双线锁式线迹的形成，除摆梭勾线还有旋梭勾线等形式，这里就不再一一作介绍。

2.3 普通家用缝纫机的机构和工作原理

从线迹形成过程中可以看出，形成一个线迹主要由机针、摆梭、挑线杆、送布牙四个主要构件作有规则的运动来完成的，如图2-7所示。按照这些构件的运动，我们把缝纫机划分为刺料（引线）、勾线、挑线、送料四大机构，另外还有一个独立的绕线机构，如图2-8所示。

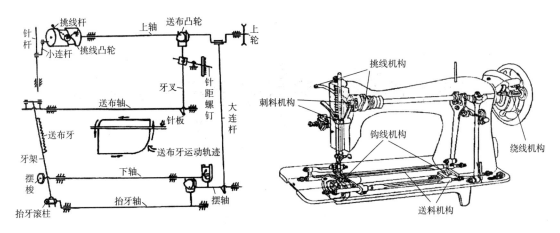

图2-7 主要机构的工作原理图　　　　图2-8 五大主要机构

2.3.1 刺料机构

用来穿刺缝料、引过面线的机构称为刺料（引线）机构。家用缝纫机的刺料机构有曲柄连杆式和曲柄滑槽式等。曲柄滑槽式刺料机构由于零件容易磨损、适用于低转速工作，已趋于淘汰。目前，国内生产的家用机JA型和JB型主要采用曲柄连杆式刺料机构。

JA型家用机曲柄连杆式刺料机构是依靠挑线凸轮端面的圆柱螺钉，通过小连杆和针杆连接轴，使针杆做上下运动，固定在针杆下端的机针做穿刺引线等工作，如图2-9所示。

JB型家用机也是曲柄连杆式引线机构，所不同的是以挑线曲柄来代替挑线凸轮，以针杆曲柄来代替圆柱螺钉，使机针作穿刺引线等工作，类似工业平缝机的刺料机构，如图2-10所示。

图2-9 凸轮挑线刺料机构（JA型）　　图2-10 曲柄连杆挑线刺料机构（JB型）

刺料机构机针的作用与重要性不言而喻。缝纫机针夹把机针固定在针杆下端时，机针的短槽（平面）应在右边，从操作者的位置看，如果装反就会产生断线或断针、跳针等。机针是刺料机构中的重要零件，如图2-11所示，可以看出，线环是随着机针上升距离的多少而变化的，如果机针上升距离少线环就小，摆梭尖不容易钩入线环；反之，机针上升距离太多，虽然线环大了，但由于线的捻度关系容易使线环变形偏离，与摆梭方向不垂直，同样使摆梭尖不容易钩到线环，所以当机针上升2.5mm时所产生的线环是最佳的形状。通常我们把摆梭不能钩住线环而造成缝料上下两根线不能绞在一起的现象称为跳针。摆梭在机针处勾住线环以后，上升退出缝料，在这一过程中，缝线在机针孔内快速地相对摩擦着，为了避免缝线断裂，针孔的圆角要尽可能大，并且要非常光滑。

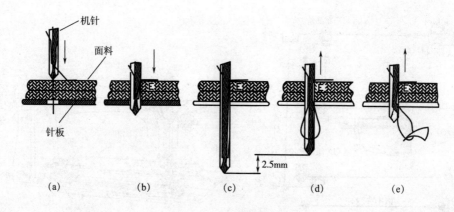

图2-11 机针引线过程

刺料（引线）机构的零件名称，如图2-12所示。

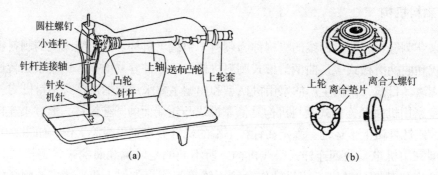

图2-12 刺料机构的零件

2.3.2 挑线机构

挑线机构种类很多，有滑杆式、凸轮式、连杆式、旋转盘式，各有优缺点。以目前生产的JA型家用机的凸轮挑线机构为例作介绍，凸轮挑线机构与其他挑线机构相比较，当转速达到1500r/min时，挑线的滚柱在凸轮槽内容易磨损，造成声响，但由于机构简单、制造容易，挑线杆的运动时间可以同机针和摆梭得到理想的配合，不但缝纫性能得到保证，制造价格也比较便宜，如图2-13所示。

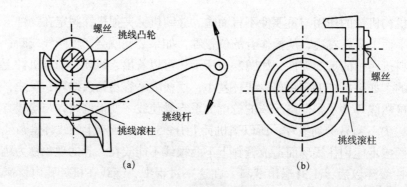

图2-13 挑线凸轮结构图

凸轮挑线机构的作用，一是输送给机针和摆梭在运动中所需的面线；二是控制运动过程中的线量；三是从面线的线团中拉出每个线迹所需的线量。

凸轮挑线机构的工作原理，如图2-14所示。凸轮带动挑线杆上的滚柱上下运动，改变挑线杆孔、夹线器以及线钩的距离来完成送线和收线的工作。

（1）机针进线阶段，挑线杆下降输送给机针所需的线。

（2）机针在抛出线环阶段，挑线杆应静止不动。

（3）摆梭钩住面线线环时，挑线杆下降产生的送线量应满足摆梭扩大线环的需要。

（4）摆梭钩住线环将要滑过梭芯套时，挑线杆开始收线，使线环紧贴梭芯套滑过。

（5）当线环通过摆梭托和摆梭尾部空间时，挑线杆要迅速上升把面线从梭床里拉出。

（6）在机针第二次下降未触及缝料前，挑线杆要把面线收紧，同时从线团里拉出一定长度的面线，供下一个循环线迹的需要。

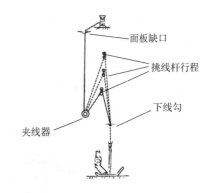

图2-14　面线挑线行程图

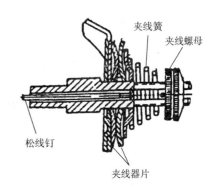

图2-15　夹线器结构

此过程中夹线器起着调节线迹松紧的主要作用，如图2-15所示，面线从上面线钩拉下，从面板夹线器的两块夹板之间通过，再穿过挑线杆孔和下线钩后穿入针孔。夹线器对面线的压力可以旋转夹线器螺母来调整大小，面线的压力大小直接关系到缝纫后的线迹质量。

凸轮挑线机构的零件组成，如图2-16所示。

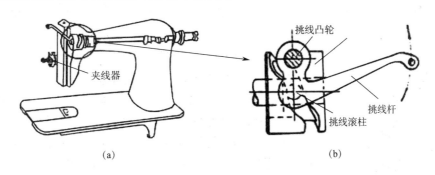

(a)　　　　　　　　　　　　　(b)

图2-16　挑线机构的零件

2.3.3　勾线机构

缝纫机的勾线机构有摆梭机构、旋梭机构等，JA型家用机采用摆梭的勾线机构，具有维修拆装方便、容易清理垃圾等优点。

勾线机构的工作原理：主要勾住机针抛出的线环，使面线绕过装有底线的梭芯套，完成上下两根缝线绞结的线迹。其中梭芯套具有调节底线张力的作用，梭芯套的梭皮压力可以通过梭皮螺钉调整，通过配合面线的张力得到满意的效果，如图2-17所示。整个机构要求配合紧密，运转位置精确，否则会影响机器性能、声响和扭矩。

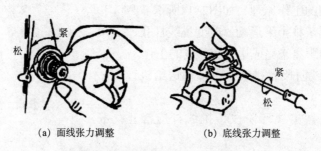

(a) 面线张力调整　　　　　(b) 底线张力调整

图2-17　面线和底线的张力调整

勾线机构的主要零件，如图2-18所示。

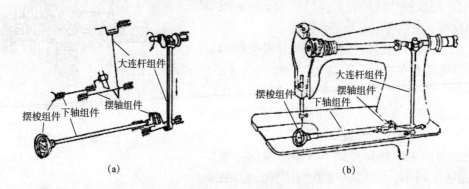

(a)　　　　　　　　　　　(b)

图2-18　勾线机构的零件

2.3.4　送料机构

缝纫机的送料机构有下送料、上下综合送料、滚轮送料机构等，JA型家用机采用下送料机构。

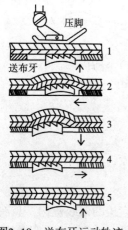

图2-19　送布牙运动轨迹

送料机构的工作原理：推动缝料向前或向后运动，能得到所需要的针迹距离，当机针上升退出缝料以后，送布牙就抬起，送布牙露出针板最高0.8~0.9mm。由上面压脚的压力和下面齿形送布牙咬住缝料运动，完成缝料的前后送布。送布牙把缝料推送到设定距离以后就下降脱离，返回起始位置，准备输送缝料形成下一个针迹，如图2-19所示。

送布牙的工作原理：我们可以分为送布牙和压脚两部分，而送布牙的运动又可以分为上下运动和前后运动，如下所示。

送料机构通过压力弹簧由压脚压住缝料，压力的大小由压脚压力螺母调节，抬压脚扳手可以锁住压脚高度，使压脚

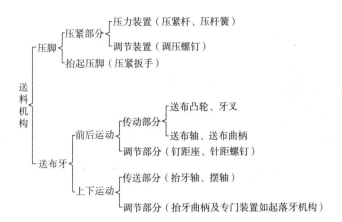

分离缝料。送料牙的前后运动是由送布凸轮通过牙叉连接送布轴带动牙架完成送布距离，牙叉摆幅通过针距座的扳手控制调整针距大小。送布牙的上下运动是上轴带动大连杆使摆轴上下摆动，再通过摆轴左边的三角形凸轮连接抬牙轴和牙架，使送布牙上下运动。如要调整送布牙露出针板的高度，只要改变抬牙轴与牙架连接曲柄的角度即可。送料机构的主要零件，如图2-20所示。

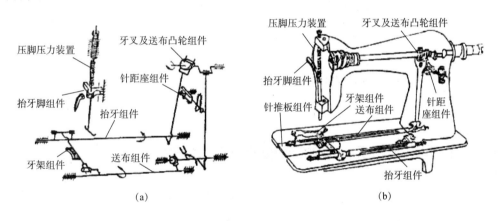

图2-20 送料机构的零件

2.3.5 绕线机构

对于形成双线锁式线迹的缝纫，绕线机构是不可缺少的。一般家用机的绕线机构是位于上轮的旁边，便于绕线机构通过上轮自动平整地把底线绕在梭芯上，绕满以后可以自动停止。绕线之前应该旋松手轮离合螺钉，放下压脚，使其他机构停止运转，减轻机器阻力，避免其他零部件的磨损。

绕线机构的主要零件，如图2-21所示。

绕线机构的离合性能对三角片的安装也很重要，离合大螺钉拧紧后，离合小螺钉应该在三角片的两个角之间，通过调整三角片的角度，可以改变离合小螺钉的位置，如图2-22所示。

绕线机构绕线量呈锥形时，如图2-23所示，应该调整图2-21中的过线小夹线板。

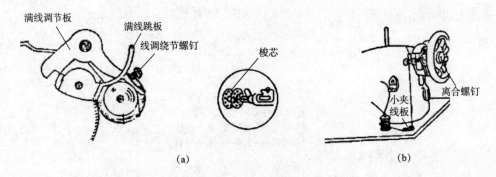

图2-21 绕线机构的零件

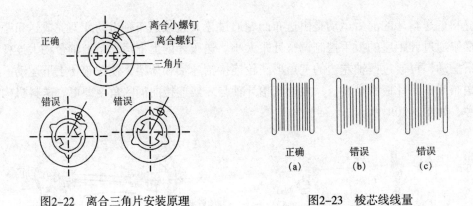

图2-22 离合三角片安装原理　　　图2-23 梭芯线线量

2.4 普通家用缝纫机机头的装配调整和技术要求

普通家用缝纫机主要由机头、机架、台板俗称三件套组成，也有配手提箱、手摇器或电动机的。机头是主件，依靠在机头部位的四大机构密切配合，经过刺料、引线、线环成形、勾线、退针、送布和收线等动作，完成面线和底线在缝料中间互相交织。缝纫机在快速运转中要完成上述动作，对零件和装配要求很高，下面介绍JA型家用机的装配方法。

2.4.1 装配注意事项

（1）安装的零件和机壳部件要清洁干净，安装好后在配合活动部位应加机油，保证润滑。

（2）安装时应按顺序安装，前道合格后，才装下一道，不能勉强安装，否则影响整机质量，不容易排查问题。

（3）紧固件螺钉一定要按扭矩要求拧紧，在装动配合螺钉时一定要配合适当，否则会产生声响和扭矩重的情况。

（4）零部件之间的配合和定位很重要，配合不好易造成部件松动、声响、定位不准等，进而会造成缝纫性能问题或者其他故障。

2.4.2　上轴装配与要求

（1）将送布凸轮套入上轴，由螺钉孔靠近曲柄方向拧紧螺丝，把前轴套套入上轴，如图2-24所示。

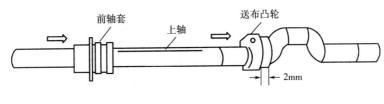

图2-24　上轴

（2）将圆柱螺钉拧进挑线凸轮，同时拧紧圆柱螺钉螺母，使圆柱螺钉紧贴凸轮，如图2-25所示。

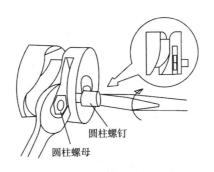

图2-25　针杆连杆圆柱螺钉安装

（3）把上好圆柱螺钉的挑线凸轮装入上轴，把挑线凸轮固定在上轴上，并拧紧螺丝，如图2-26所示。

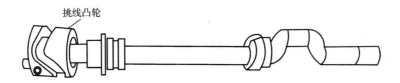

图2-26　挑线凸轮安装

（4）把配好的上轴从机壳装入，注意使前轴套的油孔对准机壳的油孔位置，然后用榔头敲击顶住挑线凸轮端面的硬木头或铜棒，使前轴套紧贴机头。从机壳油孔处加入机油，转动上轴，手感轻滑，如果重或无法转动需重新安装，如图2-27所示。

（5）安装上轮套筒时，顶住挑线凸轮端面，防止上轴窜动，用榔头敲击顶住上轮套筒的硬木，收紧上轴的间隙，间隙控制在小于0.04mm，转动上轴，手感轻滑，无间隙。如果重或无法转动需重新安装、调整。

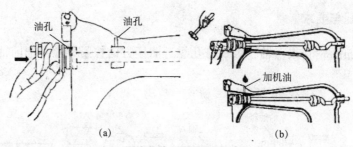

图2-27 上轴的安装

2.4.3 挑线杆装配与要求

（1）选配好挑线杆与螺钉的孔径和轴位精度、挑线杆滚柱与挑线凸轮的配合精度，这两项很重要，直接关系到挑线杆装配的间隙大小和声响，如图2-28所示。

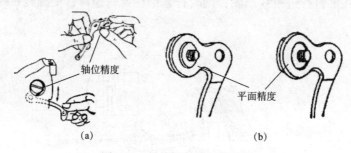

图2-28 挑线杆与螺钉的选配

（2）转动上轴，当挑线凸轮的缺口向上时，把铆好了滚柱的挑线杆放进机壳，并把挑线滚柱嵌入挑线凸轮槽内，再拧紧挑线杆螺钉，把挑线杆一端固定在机壳上，活动部位加入机油，如图2-29所示。

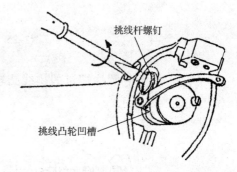

图2-29 挑选杆的安装

（3）挑线杆装好后，应转动上轴，手感应轻滑，挑线杆上下运动灵活，挑线杆上下、前后间隙小，运转噪声小，说明装配合格了。如果上轴转动，挑线杆有卡点，可用大螺丝刀调整挑线杆滚柱与挑线凸轮、挑线杆与螺钉之间的配合，如图2-30所示。

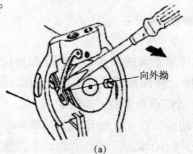
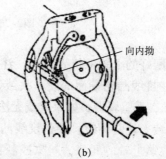

图2-30 挑选杆的配合调整

2.4.4　针杆组件装配与要求

（1）保证针杆与机壳针杆孔的配合精度，将针杆插入机壳针杆孔，应能自动滑下，且无径向间隙。小连杆连接轴与小连杆配合灵活，无间隙，如图2-31所示。

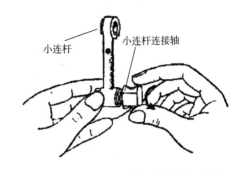

图2-31　针杆连接轴与小连杆的选配

（2）转动上轴使挑线凸轮上的滚柱螺钉转到最下方，把小连杆组件套在滚柱螺钉上，调整小连杆上的螺钉，使与挑线凸轮上的滚柱螺钉配合无卡点和间隙。将针杆从上插入机壳孔，穿过针杆连接轴孔，再插入机壳下孔，使针杆的机针槽对准推板方向，转动上轴至针杆最下方位置，用量块预设定针杆下端面与针板平面之间的距离为11mm左右，然后从机壳右侧孔拧紧固定针杆高度螺钉，如图2-32所示。

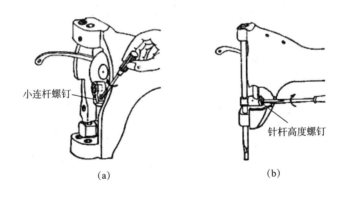

(a)　　　　　　　　　　　(b)

图2-32　小连杆与针杆的调整

（3）检查针杆装配好的配合精度，活动部位加机油，转动轻滑，无卡点，手感无明显间隙，如转动上轴手感力矩大且有卡点，可适当调整挑线凸轮滚柱平行角度，凸轮滚柱拗棒的尺寸单位为毫米（mm），如图2-33所示。

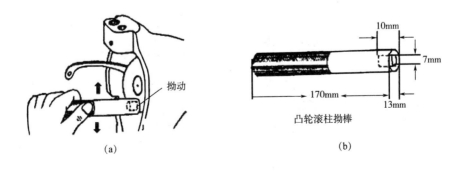

(a)　　　　　　　　　　　(b)

图2-33　拗棒调整凸轮滚柱

（4）用线钩螺钉固定下线钩、支针螺钉固定针夹，然后安装针板，如图2-34所示。

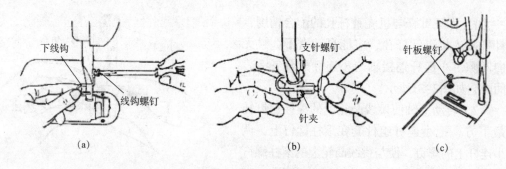

（a）　　　　　　　　　（b）　　　　　　　　　（c）

图2-34　线钩与针夹的安装

2.4.5　压紧杆装配与要求

（1）将抬压脚扳手销穿过扳手孔（扳手凹面侧向外），然后插入机壳孔，用螺钉固定扳手销的平面，要求抬压脚扳手左右摆动不能大，上下运动灵活，如图2-35所示。

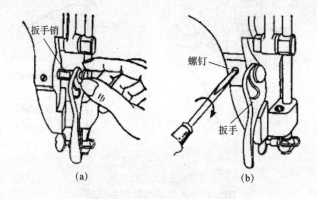

（a）　　　　　　　　　　（b）

图2-35　抬压脚扳手的安装

（2）把压杆导架插入机壳导架槽，然后将压紧杆从上面的调压螺钉孔处插入导架到机壳下端孔，再装入压力弹簧和调压螺母，拧紧压杆导架螺钉，如图2-36所示。

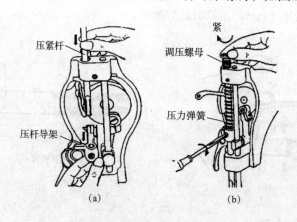

（a）　　　　　　　　　　（b）

图2-36　压布杆的安装

2.4.6 送布轴装配与要求

（1）预先将送布牙装在牙架上，两边顶头用锥形螺钉将牙架固定在送布轴上，基本在中间位置，拧紧螺母，要求牙架无轴向间隙，运动灵活。然后套上送布曲柄，拧紧螺丝，如图2-37所示。

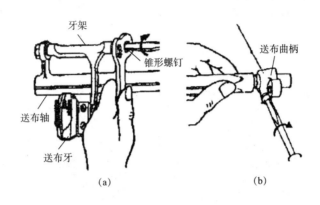

图2-37 牙架的安装

（2）将送布轴装入机壳底板下方，两边顶头用锥形螺钉固定送布轴，通过调整锥形螺钉把牙齿控制在针板槽的中间，拧紧螺母，要求送布轴装配后运动灵活，如图2-38所示。

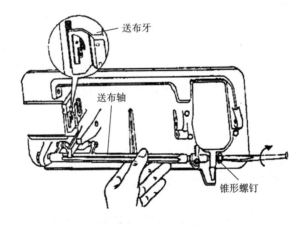

图2-38 送布轴的安装

2.4.7 抬牙轴装配与要求

（1）抬牙滚柱用专用工具铆入抬牙曲柄，要求滚柱转动灵活，无轴向间隙，然后套入抬牙轴。将抬牙轴装入机壳底板上方，两边顶头用锥形螺钉固定抬牙轴，拧紧螺母，要求抬牙轴装配后运动灵活，抬牙轴叉口与下轴端面距离为5~6mm，如图2-39所示。

（2）将抬牙滚柱插入牙架叉口，牙架叉口与抬牙滚柱配合应灵活无间隙。送布牙轴推至机壳底部，拧紧抬牙曲柄螺钉，如图2-40所示。

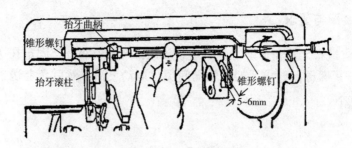

图2-39 抬牙轴的安装

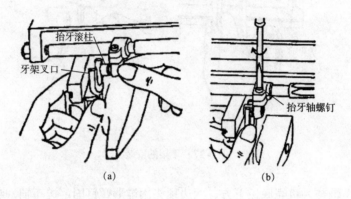

(a)   (b)

图2-40 抬牙轴与送布轴配合

2.4.8 下轴装配与要求

将下轴套入摆梭托，轴端面与摆梭托面一致，打入固定销。将滑块套入下轴曲柄，用专用工具安装滑块，要求滑块转动灵活。将下轴从左边插入机壳下轴孔，敲入下轴曲柄，要求控制下轴轴向间隙0.04mm左右，下轴转动灵活，手感无轴向间隙，如图2-41所示。

2.4.9 牙叉装配与要求

（1）从机头后盖孔处将送布凸轮调整至离上轴弯头端面3mm处，并使送布凸轮螺钉中心同上轴曲柄中心线形成28°~32°的夹角，如图2-42所示。

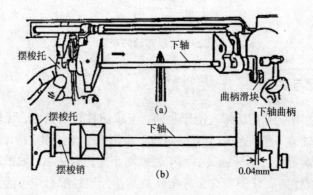

图2-41 下轴的安装

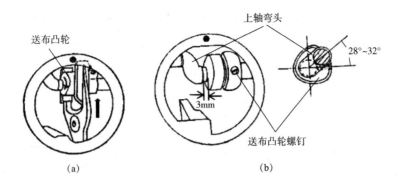

图2-42 牙叉凸轮的调整

（2）先把牙叉滑块套在装好的牙叉螺钉上，从机壳下方将牙叉口插入上轴送布凸轮，然后通过右边手轮处的孔，把弹簧垫圈装在机壳上，装入针距座，用针距座螺钉固定。注意滑块一定要装入针距座槽内，针距扳手上下调整一定要有阻力，不能太松，手感24.52N（2.5kgf）左右，如图2-43所示。

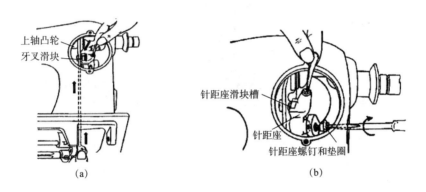

图2-43 针距座的安装

（3）将牙叉用锥形螺钉与送料轴曲柄连接，用锥形螺钉来控制牙叉与曲柄之间的间隙，达到手感运动灵活无间隙；拧松曲柄螺钉，左右移动可调整曲柄与牙叉的垂直度，如图2-44所示。

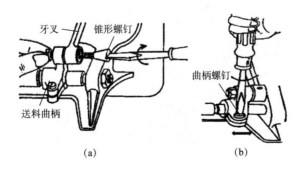

图2-44 牙叉的安装

（4）把针距板放在针距调节盖里面，套入针距调节扳手，用上下两个螺钉固定，针距板螺钉在针距调节盖里能灵活转动，如图2-45所示。

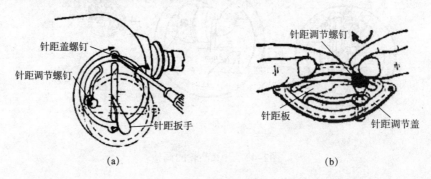

图2-45 针距板的安装

（5）将针距扳手调至最低，转动上轴至针杆升到最高处，拧松送布曲柄螺钉，调整送布牙与针板槽接触面距离使之达到1mm左右，然后拧紧送布曲柄螺钉，如图2-46所示。

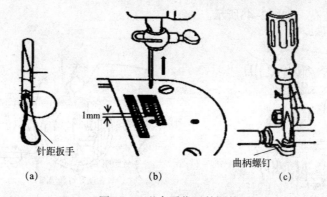

图2-46 送布牙位置的调整

2.4.10 大连杆装配与要求

（1）拆下大连杆盖，注意大连杆和大连杆盖记号。从机头背侧把大连杆从底下伸入，卡入上轴曲拐处。大连杆锥孔大头应向机尾方向装入大连杆盖，注意大连杆和大连杆盖记号。在大连杆处加入机油，然后拧紧螺丝，如图2-47所示。

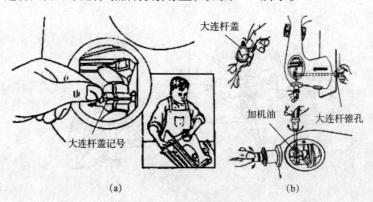

图2-47 大连杆的安装

（2）大连杆装好后，转动上轴，手感应轻滑，无卡点。如稍有卡点，一边用铜棒轻敲大连杆盖边缘，一边转动上轴，即会达到转动灵活，如果还是达不到要求，应该拆下重装或更换零件。

2.4.11　摆轴装配与要求

（1）将下轴曲柄滑块套入摆轴叉口，注意滑块与叉口配合顺滑无间隙。同时摆轴凸轮卡入抬牙轴叉口，用锥形螺钉从两边固定住摆轴，转动上轴使针杆处于最高处，通过调整摆轴左右锥形螺钉，使摆轴与大连杆端面垂直贴近，装入锥形连接螺钉，拧紧螺母，转动上轴，摆轴与大连杆连接应无明显间隙，转动灵活，如图2-48所示。

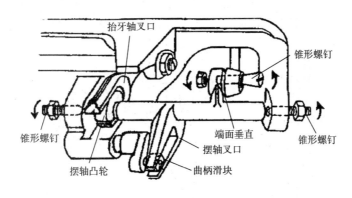

图2-48　摆轴的安装

（2）将针杆上升到最高位置，拧松抬牙轴曲柄螺钉，调整送布牙，使之高出针板0.75~0.95mm，转动机器上轴，手感应顺滑，无卡点，如图2-49所示。

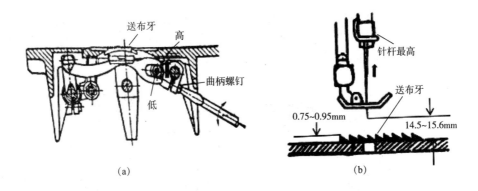

图2-49　送布牙高度调整

2.4.12　梭床装配与要求

（1）装上合格的机针，转动上轴，机针应在针板孔中心，如果偏移，应松动针板，矫正机针与容针孔的中心，再拧紧针板螺丝。在机针处于最低位置时，调整摆梭托与机针间隙（俗称：护针间隙），最大不超过0.15mm，如图2-50所示。

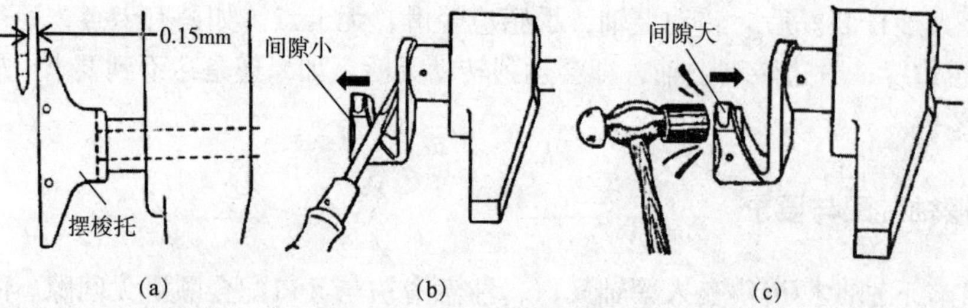

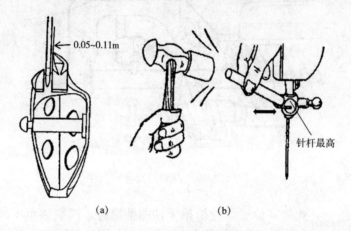

图2-50　摆梭托间隙调整

（2）使机针上升到最高位置，装上已磨合好的整套梭床，注意摆梭托套入梭床，然后慢慢转动上轴，应灵活无卡点。拆下梭床盖，检查机针与摆梭尖平面间隙，标准是在0.05~0.11mm之间，可用铜棒顶住针夹，敲击铜棒调整间隙，如图2-51所示。

图2-51　针杆与摆梭间隙调整

（3）调整摆梭与摆梭托之间的间隙（俗称：过线间隙），标准是在0.35~0.55mm之间。调整方法：可将针杆上升，卸下梭床，用工具调整摆梭托，向圆心方向轻敲，间隙就小。夹住摆梭托尾，向圆心外方向拗，间隙就大，如图2-52所示。

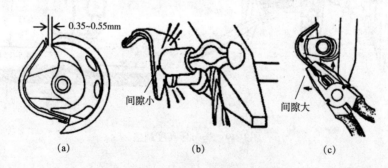

图2-52　摆梭与摆梭托间隙调整

（4）将针杆降至最低位置，摆梭转至最左边位置时，摆梭尖与机针边缘的距离应为2~2.8mm，若间隙过大或过小，都会引起跳针。可用螺丝刀轻敲摆梭托下侧面，调整摆梭尖至机针位置，然后固定下轴曲柄，并打入固定销子，如图2-53所示。

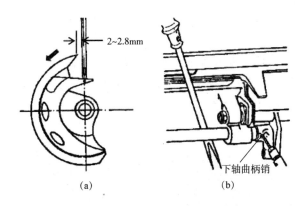

图2-53　机针与摆梭尖间隙调整

（5）将针杆降至最低位置，然后转动上轴，使机针回升到与摆梭尖刚刚接触，此时机针过线孔上端低于摆梭尖2~2.5mm，若过高或过低，会造成断针或跳针问题。通过拧松针杆连接轴螺钉，调整针杆高度到标准位置，再拧紧螺丝，如图2-54所示。

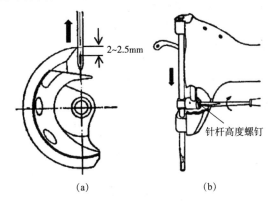

图2-54　针杆高度调整

2.4.13　压脚的调整与要求

将针杆升至最高位置，抬起压脚扳手，把压脚装在压紧杆上，然后拧松压杆导架螺钉，左右调整压脚，使机针位于压脚槽中心，使用7mm量块调整压脚高度，拧紧压杆导架螺钉，如图2-55所示。

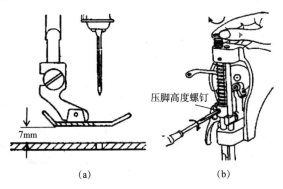

图2-55　压脚高度调整

2.4.14　面板的装配与要求

　　将装有夹线器组件的整套面板安装在机头上，注意挑线杆在面板槽中间上下运动，以左右不碰擦面板为宜。面板要求紧贴机壳面，抬起压脚扳手，能打开夹线器松线，间隙0.5mm左右，然后安装后盖板，如图2-56所示。

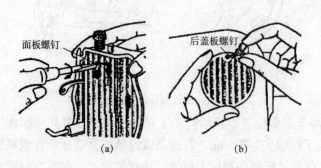

图2-56　盖板安装

2.4.15　绕线器组的装配与要求

　　（1）将绕线轴插入绕线轴架孔，压上绕线轮，绕线轴转动应灵活，轴向窜动间隙不能大，最后套上绕线橡胶圈，如图2-57所示。

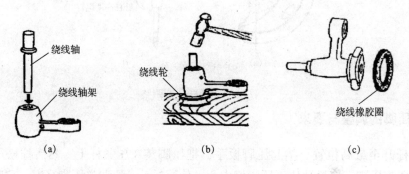

图2-57　绕线轴安装

　　（2）将满线限位板弹簧插入小孔，接着把满线限位板压住弹簧，拧紧螺钉，扳动满线限位板，能回弹。把整套绕线器组件装到机壳尾部，用两颗螺钉固定，如图2-58所示。

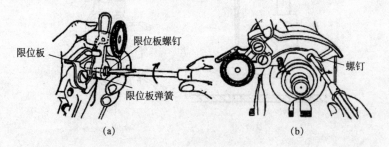

图2-58　绕线器安装

2.4.16　手轮的装配与要求

上轴后套加机油，将缝纫机竖起，手轮套入上轴，转动手轮应灵活，不能带动上轴。装上离合垫圈，拧紧离合大螺钉，确认离合小螺钉孔的位置在离合垫圈外圆突出的两点中间，或者中间偏上为合适（离合小螺钉孔在3点钟方向），装上离合小螺钉。打开离合大螺钉，转动手轮，机器其他部位应不动。否则应重新安装，调整离合垫圈角度，如图2-59所示。

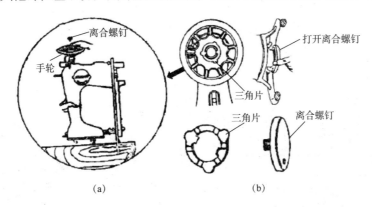

图2-59　手轮安装

2.4.17　整机检验

（1）整机装入封闭式油淋箱跑合冲淋1min左右，转动上轴，检查整机是否轻滑、灵活，摩擦阻力是否小而均匀，有没有卡轧或轻重不匀现象。

（2）检查主要定位和间隙，重点是关系到缝纫性能的下列主要位置是否符合要求：

① 上轴轴向间隙0.04mm左右，手感无明显窜动。

② 送布凸轮与上轴的夹角，即送布凸轮中心线与上轴曲柄的中心线交角约为25°~35°。

③ 送布牙高度，即针杆上升到最高，送布牙突出针板平面0.75~0.95mm。

④ 压脚高度，即压脚与针板平面之间距离7mm。

⑤ 机针与摆梭托平面间隙，即最大不能超过0.15mm，但机针不能碰擦摆梭托。

⑥ 机针与摆梭尖平面间隙，即最大不能超过0.11mm，但机针不能碰擦摆梭尖。

⑦ 摆梭托与摆梭接触间隙，即过线间隙应在0.35~0.55mm之间。

⑧ 针杆定位点，机针在最低位置回升到与摆梭尖相遇时，机针孔应低于摆梭尖2~2.5mm。

⑨ 下轴曲柄定位，机针下降至最低点，摆梭尖与机针的最大返回量为2~2.8mm。

⑩ 下轴轴向间隙0.04mm左右，手感无明显窜动。

⑪ 送布牙前后位置，即针杆最高，送布牙离针板孔后方槽坑1mm左右，针距最大最小时转动机器无异常声。

⑫ 把机器装入台板，运转机器，应无明显的撞击声和异常声。

⑬ 按顺序穿线试缝，应无断线、跳针、浮线、起皱等现象，保证针距调节、张力调节、张力释放、离合、绕线等各功能灵活有效。

2.5 缝纫机机头、机架台板的总装

2.5.1 机架装配

（1）装边脚，先将中档竖起，有"商标"一侧面对自己，然后把一片边脚按螺丝孔对齐，拧入装有弹簧片的螺丝，将摇杆的曲柄装入下轮的轴孔。注意下轮不能装反，并使曲柄上的孔对准下轮上的螺丝孔，然后拧紧固定螺丝，如图2-60所示。

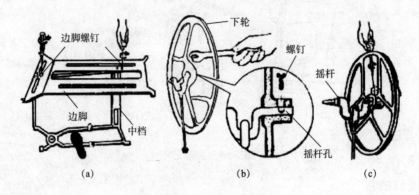

图2-60 机架大轮安装

（2）将装好摇杆的下轮倾斜一定角度，装入中档下轮位置，调整摇杆轴向间隙，应无松动，运转轻滑，然后固定锥形螺钉的螺母。安装下轮侧的边脚，安装好后，如果机架有不平稳现象，可略松左右边脚的四颗螺钉进行调整，调整好之后再拧紧螺钉，如图2-61所示。

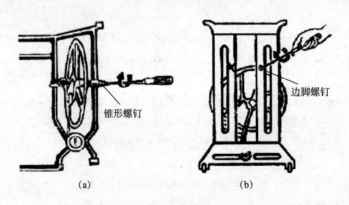

图2-61 边脚安装

（3）将踏板装入中档方架内，两边用锥形螺钉固定，踏板应无轴向间隙，运转轻滑。拆下摇杆球接头螺母，将摇杆球接头套入踏板孔，如果摇杆球间隙大可以调整球间隙螺钉，然后拧紧螺母，踩动踏板，下轮和踏板运转应轻滑，无松动。装下轮衣档罩，用扳手从背面按箭头方向拧紧螺母，注意不能碰撞下轮，如图2-62所示。

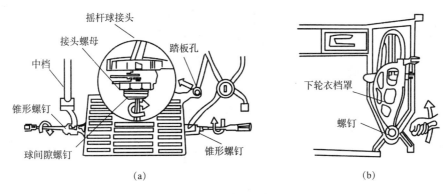

图2-62　踏板安装

2.5.2　机头与台板拆装

（1）将机头插入台板的铰链，固定机头平面下方的固定螺钉，拆卸机头与装配顺序相反，如果直接拆台板铰链是错误的，如图2-63所示。

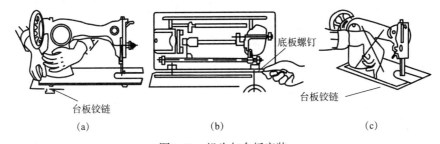

图2-63　机头与台板安装

（2）将台板放在机架上，调整位置，使机器手轮与下轮的皮带槽垂直，固定机架与台板四角的螺钉，如图2-64所示。

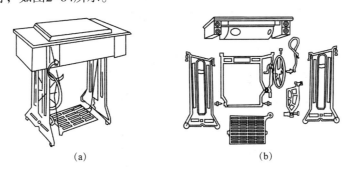

图2-64　机架与台板安装图

2.6　普通家用缝纫机机头的拆卸方法

当缝纫机由于长久使用，出现磨损或机器发生明显的声响、力矩卡轧和缝纫性能问题等故障时，就需要进行拆卸修理或更换零部件。机头的拆卸过程按所需检修的程度可分为整机拆卸和部分拆卸，部分拆卸可参照整机拆卸的过程来选择，但次序上还需保持先后的步骤，如在拆卸送布机构时，必须先拆下摆梭部分。整机拆卸的步骤和方法如下。

2.6.1 拆卸机头表面零件

面板组件、后盖、针推板组件、离合螺钉、上轮、绕线器组件、过线架、挑选杆组件、摆梭组件，如图2-65所示。

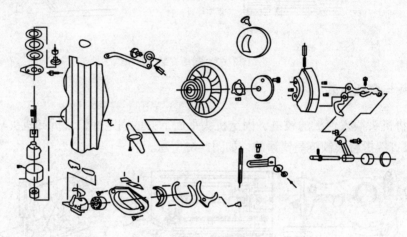

图2-65 表面零件

2.6.2 拆卸压脚部分组件

（1）拆下压脚螺钉取下压脚。

（2）拆下调压螺母和压杆弹簧。

（3）拧松压杆导架螺钉，把压紧杆向上抽出，取出压杆导架。

（4）拧松抬压脚扳手销固定螺钉，抽出抬压脚扳手销和压脚扳手，如图2-66所示。

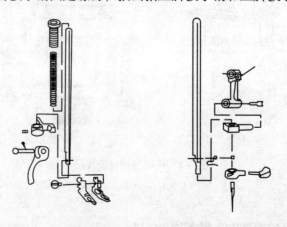

图2-66 压脚零件图　　　　图2-67 针杆零件图

2.6.3 拆卸针杆部分组件

（1）拧松支针螺钉取下机针，拆下线钩螺钉取下线钩。

（2）将机针转至最低位置，从机头右侧面的小孔拧松针杆连接轴螺钉，把针杆向上抽出，取下针杆连接轴和小连杆，如图2-67所示。

2.6.4　拆卸下轴机构组件

（1）用销子冲头把下轴曲柄的锥形销敲出，注意锥形销的锥度方向。
（2）拧松下轴曲柄螺钉，敲出下轴，如图2-68所示。

2.6.5　拆卸大连杆组件

（1）用扳手和螺丝刀拆下大连杆圆锥螺钉。
（2）拧松摆轴两侧的圆锥螺钉，拆下摆轴。
（3）从机壳上面的加油孔拆下大连杆盖，向下拉出大连杆，如图2-69所示。

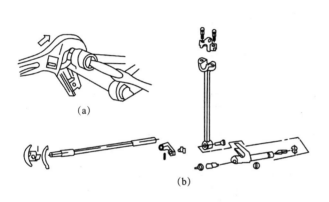

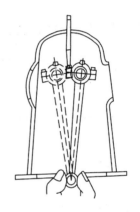

图2-68　下轴、大连杆机构　　　　　　图2-69　大连杆拆装

2.6.6　拆卸送布组件

（1）拆下牙叉底部与送布曲柄的连接螺钉。
（2）从机壳右侧拆下针距座螺钉和垫片，拆下针距座。
（3）拆下送布轴两侧的锥形螺钉，将送布轴、牙架和送布牙一起取出。
（4）拆下抬牙轴两侧的锥形螺钉，取出抬牙轴，如图2-70所示。

2.6.7　拆卸上轴组件

（1）用销子冲头把上轴后套的锥形销敲出，用敲棒顶住上轴向机头方向敲，使后套与上轴脱落。
（2）拧松前轴套螺钉，用特殊敲棒敲出前轴套，拉出上轴。
（3）拧松挑选凸轮螺钉，敲出上轴，使上轴与挑选凸轮分离，如图2-71所示。

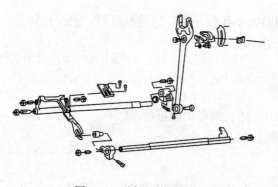

图2-70 送料机构零件图

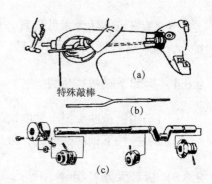

特殊敲棒

图2-71 上轴的拆卸方法

2.7 普通家用缝纫机的使用与保养

2.7.1 普通家用缝纫机机针、缝线、缝料的选配

按表2-1根据缝纫面料选用家用缝纫机的机针和缝线。

表2-1 针、线和织物适配表

缝料种类	机针型号	棉线	丝线	尼龙线
薄纱布、薄绸、细麻纱及刺绣等	HA×1 65/9	10~8.33 (100~120公支)	33.33 (30公支)	—
薄麻布、薄棉布、绸缎、棉平布等	HA×1 75/11	12.5~10 (80~100公支)	41.67~33.33 (24~30公支)	33.33~17.86 (30~56公支)
各类粗布、斜纹布、薄质呢绒布、各类平布、各类普通棉布等	HA×1 90/14	16.67~12.5 (60~80公支)	50 (20公支)	—
各类厚棉布、薄绒布、哔叽布、厚绸缎、灯芯绒等	HA×1 100/16	25~16.67 (40~60公支)	62.5~55.56 (16~18公支)	—
各类厚绒布、大衣呢、普通毛纺织品	HA×1 110/18	33.33~25 (30~40公支)	100~83.33 (10~12公支)	—

2.7.2 普通家用缝纫机的保养

普通家用缝纫机应该使用专用的缝纫机机油，对机器上的注油孔及机件相互运动的部位进行定期润滑。合理的润滑不但使机器运行轻快，而且减少机件的磨损，延长使用寿命。在缝纫过程中，缝料和缝线的绒毛、灰尘等进入机器，造成积累，增加各种机件运动的阻力，影响缝纫性能。因此，梭床、送布牙、机头面板等部位应该经常清理，清洁后机件部位加注缝纫机油，并且做短时空运转，使机器各机件保持良好的工作状态。

2.7.3 家用缝纫机常见故障、产生原因及处理方法

普通家用缝纫机在使用过程中，主要问题有跳针、断线、断针、抛线或浮线、起皱、针距不匀、噪声、力矩过大、卡线等，如表2-2所示。可参照表2-2根据不同问题排除故障。

表2-2 普通家用缝纫机常见故障及处理方法

故障现象	产生原因	处理方法
缝薄跳针	机针和缝线与缝料不匹配、机针与摆梭配合间隙不合适	选择与缝料匹配的机针和缝线、参照图2-50和图2-51调整机针与摆梭的配合
弹性面料跳针	针板孔大、机针使用不当	选择弹性机针、更换针板
缝厚跳针	机针和缝线与缝料不匹配、机针与摆梭配合间隙不合适、张力太大	选择与缝料匹配的机针和缝线、参照图2-50和图2-51调整机针与摆梭的配合间隙、降低缝纫速度、调整底面线张力
连续跳针、无法缝纫	机针损坏、摆梭尖损坏、底面线没有穿好	检查机针和摆梭，更换损坏的机针和摆梭、参照图2-50和图2-51调整机针与摆梭的配合间隙、重新按顺序穿线
断底线	梭壳或梭芯不好、梭芯在梭壳内运转不灵活，针板孔毛刺	更换梭芯或梭壳、更换针板
断面线	过线部位毛刺、面线紧	排除面线过线不流畅、抛光过线部位毛刺、调节面线、更换机针
连续断针	针不在针板孔中心、针扎压脚上、针杆径向或轴向间隙大、梭床间隙大	参照图2-31更换磨损的针杆或小连杆组件、更换磨损的摆梭或整套梭床、更换损坏的机针或针板、参照图2-51调整机针与针板孔中心、参照图2-55调整压脚与机针中心
缝厚断针	机针太细、缝料厚薄不均	更换与缝料相适应的机针、降低缝纫速度、辅助拉缝料时应与针距同步
底线浮线。	基本上是梭壳张力调不紧	调整梭壳张力至0.098~0.15N（10~15gf）、梭壳的梭皮下有垃圾需清理、更换梭壳
线迹正面好，反面抛线	基本上都是面线抛线问题	调整面线张力，压脚放下后，拉面线应该有0.64~0.78N（65~80gf）的阻力、清理梭床垃圾、检查摆梭和梭壳是否毛刺、重新按顺序穿面线、机针与送布牙不同步，参照图2-42调整
薄料起皱	面线和底线张力太大、针距太大、缝线与缝料不匹配	调整面线〔0.64~0.78N（65~80gf）〕和底线〔0.098~0.15N（10~15gf）〕张力、调整针距大小、选择匹配缝料的缝线
缝料被咬出痕迹	送布牙太高、送布牙前后位置不对、压脚压力太大	调整送布牙高度、参照图2-46调整前后位置、调整压脚压力
针距太小，调不大	送布牙太低、送布凸轮角度没调好	参照图2-49送布牙高度调整、调整压脚压力、参照图2-42送布凸轮角度调整、调整送布机构配合间隙

故障现象	产生原因	处理方法
针距忽长忽短	压脚压不住缝料、针距螺钉松动、送布牙太低、送布机构间隙太大或不灵活	调整压脚压力、确认针距座是否松动、调整送布牙高度（0.75~0.95mm）、确认压脚高度（6~7mm）、检查送布机构配合间隙，更换磨损零件或调整间隙
梭床部位噪声大	梭床内脏或卡线、梭床磨损	清理梭床垃圾并加油、更换磨损部件
挑线杆部位噪声	上轴轴向间隙大、挑线杆配合间隙大	控制上轴间隙小于0.04mm、更换挑线杆部位磨损的零件
送布机构部位噪声大	送布牙与针板槽碰擦、牙叉侧面与送布凸轮碰撞、送布机构磨损	调整送布牙与针板槽左右和前后间隙、参照图2-42调整间隙、更换磨损的机构零件
运转时机器重，比较费劲	梭床部位脏、运转部件配合不灵活、机架摇杆不灵活	清理机器垃圾并加油、检查挑线杆机构和送料机构配合间隙、检查大连杆和曲柄配合间隙
轧线、卡线	面线穿线次序不对，压脚未放下，线张力不对	穿好机针线并放下压脚再开始缝纫，调整面线张力
	梭床的过线部位毛刺	更换有毛刺的摆梭、检查梭壳是否安装正确
	摆梭与梭托间隙太小	参照图2-52调整摆梭与摆梭托间隙（0.35~0.55mm）

复习思考题

1. 普通家用缝纫机由哪些机构组成？
2. 简述普通家用缝纫机线迹的形成过程。
3. 普通家用缝纫机的机针和摆梭配合有哪些要求？

第3章

电动式家用多功能缝纫机

随着工业文明的不断发展，人们的消费水平不断提高，成衣消费成为时尚，普通家用机的需求日益萎缩，家用缝纫机也由生活必需品转变为体现人们爱好和个性的DIY工具。为适应市场的变化，电动式家用多功能缝纫机应运而生，与普通家用机相比，电动缝纫机有以下特点：

（1）外形美观时尚，机身小巧，安置方便，非常适合现代家庭使用。

（2）功能丰富多样，集直线缝、曲折缝、锁扣眼、钉纽扣等功能于一身。

（3）操作使用简单方便，且便于清理和维护。

依据勾线机构的不同，电动式家用多功能缝纫机一般可分为摆梭式和旋梭式两种类型。摆梭式缝纫机由传统家用缝纫机发展而来，结构简单，但使用时震动和噪声较大；旋梭式缝纫机改进了上述问题，而且换底线更方便，但结构相对复杂，成本较高，一般用于中高档的缝纫机。

3.1 主要机构及工作原理

电动式家用多功能缝纫机一般为平板型或筒板、筒台型机体，采用连杆挑线、针杆摆动、摆梭或旋梭钩线、下送料机构，形成GB/T 4515—2008规定的301及304线迹。

HQ990缝纫机采用筒台式机体，垂直摆梭钩线，曲柄连杆挑线，下送布，针距可调，电动机内置，夹线器内置，卷线自动离合，可选配自动穿线功能，4步锁扣眼，缝纫线迹不少于20种，主要由下述机构组成。

3.1.1 刺料机构

刺料机构也称针杆机构，用来穿刺缝料、携带面线与勾线机构配合形成线迹；刺料机构是典型的曲柄滑块机构，如图3-1所示，电动机驱动上轴带动上轴平衡凸轮转动，通过小连杆传递至针杆夹头，带动针杆在针杆支架中做往复直线运动，安装于针杆下端的机针随针杆一起上下运动，不断刺穿缝料至针板下方，与摆梭配合进行勾线，从而形成锁式线迹。

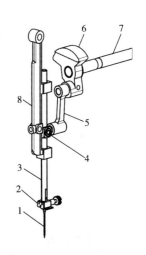

图3-1 刺料机构

1—机针 2—针夹头
3—针杆 4—针杆夹头
5—小连杆 6—上轴平衡凸轮
7—上轴 8—针杆支架

3.1.2 挑线机构

采用连杆式挑线机构，通过挑线杆上下运动，对面线进行收线和供线，配合刺料机构和勾线机构动作，保证形成高质量的线迹；如图3-2所示，挑线杆3由上轴平衡凸轮2驱动，通过挑线摇杆4以挑线摇杆支轴支点进行上下摆动，在向上运动时进行收线，向下运动时放线；连杆式挑线机构的特点是收线速度快，供线稳定，运行速度高，冲击小，噪声低。

3.1.3 勾线机构

勾线机构的作用是用来配合机针进行勾线，形成线迹。家用多功能缝纫机采用梭式装置勾线，分为摆梭和旋梭两种类型，HQ990型采用摆梭勾线（旋梭将在电脑式家用多功能缝纫机章节介绍），结构如图3-3所示；上轴2、上轴偏心轮3、大连杆4、下轴曲柄5组成一个四连杆机构，把上轴的转动转化为往复摆动，通过下轴6，传递给下轴螺旋齿轮7，并通过与梭轴螺旋齿轮8的啮合来放大摆动的角度，通过摆梭托带动梭床内的摆梭往复摆动，与机针上下运动相配合完成勾线。

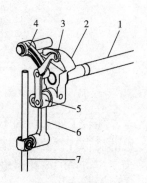

图3-2 挑线机构
1—上轴 2—上轴平衡凸轮头 3—挑线杆 4—挑线摇杆 5—挑线曲柄 6—小连杆 7—针杆

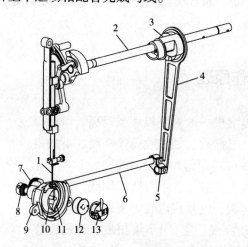

图3-3 勾线机构
1—机针 2—上轴 3—上轴偏心轮 4—大连杆 5—下轴曲柄 6—下轴 7—下轴螺旋齿轮
8—梭轴螺旋齿轮 9—梭床 10—摆梭 11—摆梭托 12—梭芯 13—梭芯套

3.1.4 送料机构

送料机构的作用是输送缝料，把缝料在原有的位置上移动一个距离，以使下一个线迹在新的位置上形成的过程称为送料。家用多功能缝纫机一般采用下送料方式，送料过程如图3-4所示。

送料运动是一个复合运动，即水平运动和垂直运动的复合，它是一个封闭的曲线运动，即在每一个针距中送料牙要作上升、向前、下降、向后不断地交替运动。当送布牙完成送料运动后，又下降至针板下与缝料脱离后退到原来的位置，准备下一个送料动作。

缝纫机送料的基本结构是典型的凸轮摇杆机构，图3-5是HQ990的送料机构，上轴2带动水平送料凸轮1旋转，推动牙叉杆3摆动，牙叉杆3通过连接在其上的水平送料腕5，送料台9，把自身的摆动传递到送料牙10，带动送料牙做水平往复运动；同时上轴通过大连杆4，下轴6把旋转运动转换为固定在下轴上的上下送料凸轮7的往复摆动，通过上下送料腕8推动送料牙上下运动，与水平运动一起，构成如图3-4所示的送料牙的送料轨迹。

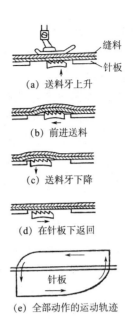

图3-4 送料牙运动轨迹示意图

3.1.5 曲折缝机构

曲折缝机构控制机针的横向摆动，与送料机构一起形成多种设定的线迹图案；图3-6是HQ990的曲折缝机构，上轴1通过固定在其上的蜗杆2带动花模蜗轮3转动，花模蜗轮固定在花模凸轮组4上带动花模凸轮组一起转动，花模凸轮组由一系列的凸轮片组成，凸轮爪5靠在选定的凸轮片上，花模凸轮转动时，推动凸轮爪按凸轮片设定的曲线摆动，通过凸轮爪支架6、诱导板8，推动针杆支架9，从而带动安装在针杆支架上的针杆10及机针11进行横向摆动；转动凸轮爪变换拨盘，可以使凸轮爪在不同的凸轮片之间切换，从而获得不同的针迹图案及功能。

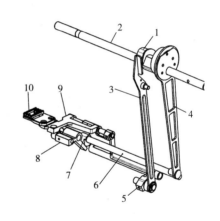

图3-5 送料机构
1—水平送料凸轮 2—上轴 3—牙叉杆 4—大连杆
5—水平送料腕 6—下轴 7—上下送料凸轮
8—上下送料腕 9—送料台 10—送料牙

蜗杆与花模蜗轮的减速比为18∶1，故形成的针迹图案每18针为一个循环，图3-7是设定的凸轮片曲线所形成针迹花样的例子，需要指出的是，针只有在缝料上方时才能横向摆动，在设计凸轮片时，要注意凸轮的配合时序，确保凸轮上升或下降的区段位于针在缝料上方的运转区段。

3.1.6 针距调节与倒缝机构

针距调节装置用于调节针距的长度，工作原理如图3-8所示，送料调节器固定在轴2

上，二叉杆由固定在轴1上的偏心凸轮驱动往复摆动，滑块在送料调节器的滑槽内运动，滑块通过轴3与二叉杆轴连接在一起，当滑块沿送料调节器的运动弧线的圆心R与轴4重合时，与轴4相连的送料台不发生水平方向的移动，此时的送料量为零。

若旋转送料调节器至不同的角度，使滑块沿送料调节器的运动弧线的圆心R与轴4偏离，则与之相连的送料台带动送料牙发生水平方向的移动，如图3-9所示，送料牙水平位移的方向及大小与送料调节器的旋转角度呈大致的比例关系，以零针距为基准，送料调节器逆时针旋转时为前进送料，顺时针旋转时为后退送料（倒缝），故通过控制送料调节器的角度来控

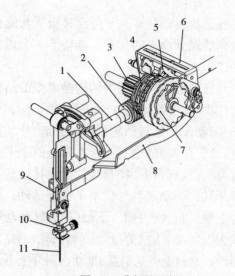

图3-6 曲折缝机构

1—上轴 2—蜗杆 3—花模蜗轮 4—花模凸轮组
5—凸轮爪 6—凸轮爪支架
7—凸轮爪变换拨盘 8—诱导板 9—针杆支架
10—针杆 11—机针

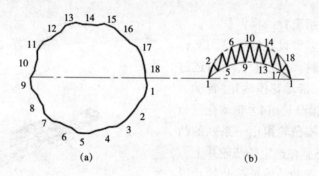

图3-7 花模凸轮片曲线与对应的花样

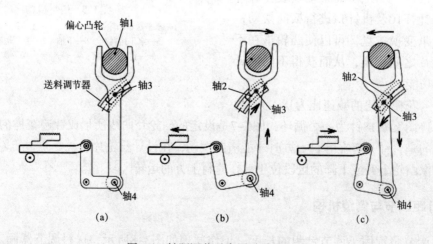

图3-8 针距调节示意图（零针距）

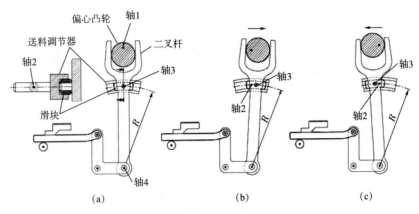

图3-9　针距调节示意图（前进送料）

制针距。

　　HQ990的针距调节机构和倒缝机构是一套联动装置，由凸轮连杆机构组成，结构如图3-10所示。针距调节推杆6固定在针距推杆固定轴3上，并通过针距调节连杆7与送料调节器2相连，针距调节旋钮8和针距凸轮5都固定在针距凸轮轴4上；当转动针距调节旋钮时，带动针距凸轮一起转动，推动靠在其上的针距调节推杆绕针距推杆固定轴转动，通过针距调节连杆，带动送料调节器转动，以此达到调节针距的目的。

　　倒缝压杆10固定在倒缝固定轴9上，并通过倒缝连接杆1与送料调节器2相连，当压下倒缝压杆时，通过倒缝连接杆1推动送料调节器顺时针旋转，使送料牙的送料方向由前进变为后退，从而实现倒缝功能；倒缝一般用来通过往复缝纫对局部进行加固，提高缝制品局部的缝制强度。

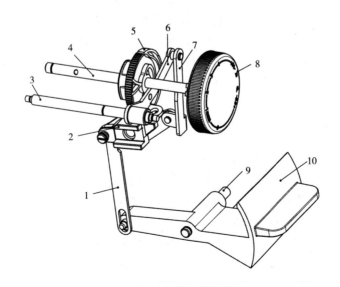

图3-10　针距调节与倒缝机构

1—倒缝连接杆　2—送料调节器　3—针距推杆固定轴　4—针距凸轮轴　5—针距凸轮
6—针距调节推杆　7—针距调节连杆　8—针距调节旋钮　9—倒缝固定轴　10—倒缝压杆

3.1.7 压脚机构

压脚的作用是压紧缝料，提高线迹形成质量，同时提供给送料牙可靠的正压力，获得良好的送料质量。

压脚机构由压杆3及固定在压杆上的压脚底板1、压脚托架2、压杆导架4及弹簧5等部分组成，如图3-11所示，压杆安装在压杆支架上，通过压杆导架与压脚提手8相接触，压脚提手用于调节压脚的位置，放下压脚时，压脚底板压紧缝料，通过安装在压杆上的弹簧，提供压脚向下的压力；当缝纫完成时，可以抬起压脚以取出缝料。缝纫机的压脚托架属于快换压脚，按动压脚托架尾部的杠杆，可以快速拆下压脚底板，更换其他种类的压脚。

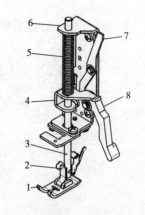

图3-11　压脚机构
1—压脚底板　2—压脚托架
3—压杆　4—压杆导架　5—弹簧
6—压杆支架　7—松线杠杆　8—压脚提手

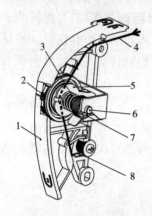

图3-12　夹线机构
1—夹线器支架　2—张力调节旋钮
3—夹线弹簧　4—缝线　5—夹线盘
6—张力调节螺杆　7—张力调节螺母
8—吊线弹簧

3.1.8 夹线与过线机构

夹线装置给缝线提供可调整的张力，以获得良好质量的线迹,夹线装置由夹线盘、夹线弹簧、张力调节旋钮等组成，如图3-12所示，缝线从夹线盘中通过，夹线弹簧在夹线盘的外侧对夹线盘施加设定的压力，转动张力调节旋钮，会带动张力调节螺母横向移动，压缩或放松夹线弹簧，从而实现缝线张力调节的效果。

过线装置是为缝线分解捻度，提供导向及防止缝线出现混乱和打结等问题，同时采用可调整的导向装置为夹线装置、挑线装置提供缝线，实现稳定良好的配合。过线装置有过线柱、过线板、线勾等多种类型。

3.1.9 绕线机构

绕线机构用来绕制梭芯缝线，其结构包括绕线轴、摩擦轮、满线凸轮等部件，如图3-13所示。在正常缝纫时，绕线器的摩擦轮与主轴皮带轮脱开，绕线机构不工作；需要绕制梭芯缝线时，把梭芯安装到绕线轴上，并推向主轴皮带轮，摩擦轮贴紧主轴皮带轮靠摩擦力来传递动力，驱动绕线轴旋转开始绕线，随着线量的不断增加，梭芯被满线凸轮逐步顶起，当线量绕满时，被顶起的梭芯带动摩擦轮完全脱离主轴皮带轮，绕线停止。

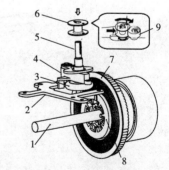

图3-13　绕线机构
1—上轴　2—绕线器固定架
3—绕线器摩擦轮　4—绕线器连杆
5—绕线轴　6—梭芯　7—主轴皮带轮
8—离合滑块　9—满线凸轮

3.1.10 电动机及脚踏控制器

电动机用来给机器提供动力，多功能家用机使用串激式交流电动机，功率50~70W，为安全起见，一般安装在机器内部，通过同步皮带与主轴相连，如图3-14所示。

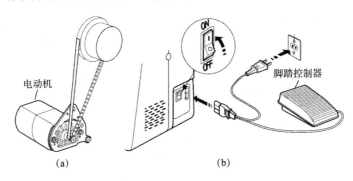

图3-14 电动机与脚踏控制器

脚踏控制器用于控制缝纫机的缝纫速度，脚踏控制器采用一个专用的可拆卸的连接器与缝纫机相连，便于收纳和携带；使用时轻轻压下脚踏控制器，缝纫机启动并低速运转，脚踏控制器压得越低，则缝纫机运转速度越快；松开脚踏控制器，缝纫机停止运转。

3.2 装配工艺及流程

HQ990系列电动式家用多功能缝纫机装配流程：安装上轴组件、装挑线杆组件、装针板、装花模组件、装压杆组件、装针杆组件、调整爪开/振分/针流、装针距调节器、装送料台、装梭床、装下轴、装牙叉及抬牙组件、装绕线器组件、装电气组件、装夹线器组件、精度调整、装外壳。

3.2.1 安装上轴组件

按图3-15所示，把上轴组件的球轴承放入机壳上轴球轴承槽内，放上轴承压板，用螺丝紧固。

安装要求：上轴转动轻滑，无卡点且无轴向间隙。

3.2.2 安装挑线杆组件

按图3-16所示，把小连杆装入挑线杆曲柄轴上，挑线杆组件的摇杆支轴和挑线杆曲

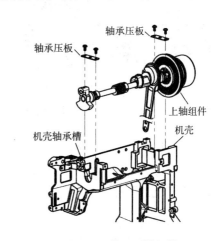

图3-15 装配上轴组件

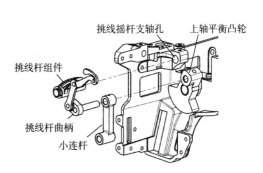

图3-16 装配挑线杆组件

柄轴分别插入挑线摇杆支轴孔和上轴平衡凸轮孔中，贴紧后用螺丝紧固。

安装要求：

（1）挑线杆不可左右晃动。

（2）上轴转动轻滑无卡点。

3.2.3　安装针板

按图3-17所示，用针板螺丝将针板固定到机壳上。

安装要求：

（1）安装前，要确认针板及螺丝不可有电镀缺陷。

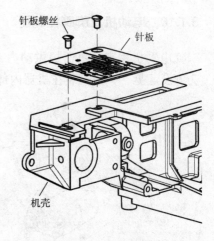

图3-17　装配针板

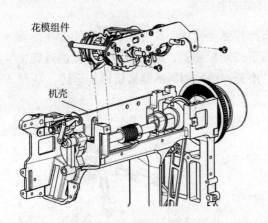

图3-18　装配花模组件

（2）安装时不要划伤针板，用力要均匀，不能让螺丝产生毛边。

3.2.4　安装花模组件

按图3-18所示，把花模组件安装到机壳上，并用螺丝固定，调整上轴蜗杆与花模蜗轮的配合位置，轻锁上轴蜗杆上的紧钉螺丝。

安装要求：上轴蜗杆与花模蜗轮配合既没有间隙又保持轻滑灵活。

3.2.5　安装压杆组件

按图3-19所示，把压杆组件固定到机壳上，调整压脚与针板的位置，使压脚容针孔和针板容针孔对齐，压脚长边与针板的送料牙槽对齐，并盖住送料牙槽，然后紧固螺丝1和螺丝2。

抬起压脚提手，调整压脚与针板之间的空隙到5.5~6mm之间（使用压脚高度调整夹具），然后紧固螺丝3。

安装要求：

（1）使用压脚提手抬/放压脚时，压杆应上下活动灵活，不可有卡轧现象。

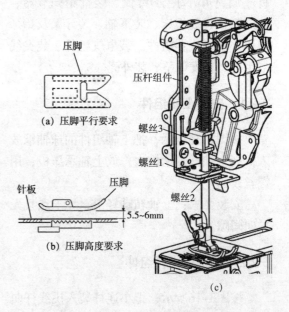

图3-19　压杆组件装配

（2）放下压脚时，压脚应完全盖住针板送料牙槽并与其平行，压脚容针孔与针板容针孔对齐。

（3）压脚抬起高度在5.5~6mm。

3.2.6　安装针杆组件

按图3-20所示，把针杆支轴插入机壳上针杆支轴固定孔内，把针杆夹头轴插入小连杆孔内，并把针杆支架套入针杆支架孔中，调整支架针杆前后位置，使机针位于针板容针孔中间，然后紧固螺丝。

安装要求：

（1）针杆支架在槽中摆动要灵活。

（2）确保机针在针板容针孔中间位置。

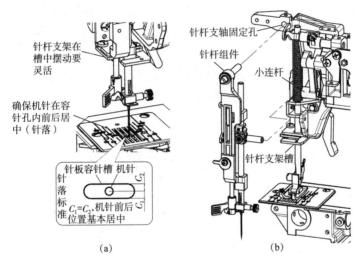

图3-20　针杆组件装配

3.2.7　装诱导板及调整爪开、振分、L限定和针流

安装要求：

（1）安装诱导板：把诱导板两端分别装在振分调节凸轮和花模棘爪上，如图3-21所示。

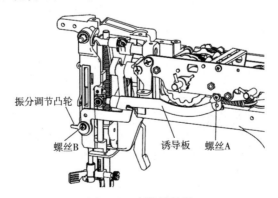

图3-21　安装诱导板

（2）调整爪开：转动花样轴到B挡，松开螺丝A，调整花模棘爪的位置，使ZZ棘爪与花模凸轮片的间隙在0.2~0.4mm之间，然后锁紧螺丝A，如图3-22所示。

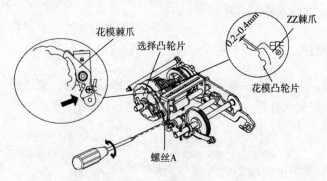

图3-22　调整爪开

（3）调整振分：转动花样轴到C挡，松开螺丝B，调整振分调节凸轮的位置，转动上轴，使机针摆动到最左侧和最右侧时与容针孔槽两侧距离基本相等（$a=b$），如图3-23所示。

（4）调整L限定：松开螺丝C，调整针杆位置限定板，使机针推到最左侧时刚好接触到容针槽边缘，然后锁紧螺丝C，如图3-23所示。

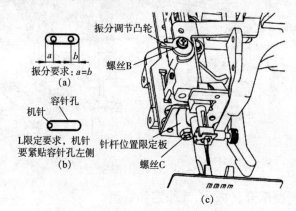

图3-23　调整振分和L限定

（5）调整针流：松开上轴蜗杆螺丝后，调针流至如图3-24所示形状，同时调整蜗杆与花模蜗轮配合间隙，使转动灵活且又没有间隙，并锁紧螺丝。

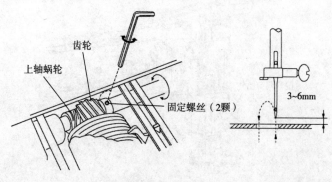

图3-24　调整针流

3.2.8　安装针距调节器

按图3-25所示，把针距调节器轴安装到机壳针距座固定孔中，把针距座拉杆与花模组件上的SS调节螺丝连接；把针距座连杆和花模组件上的针距调节杠杆连接；安装倒缝压杆，并与倒缝连杆连接。

安装要求：

（1）针距调节器转动要灵活轻滑，不可有轴向窜动。

（2）倒缝压杆操作灵活，压下后松开能够顺利复位。

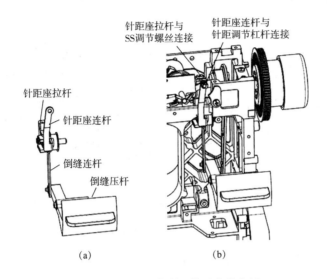

图3-25　针距调节器组件及安装位置

3.2.9　装送料台组件

把送料台弹簧放入送料台弹簧放置槽中，把顶尖套入送料台两端的锥形凹槽，然后安装到机壳的顶尖槽内，用顶尖压板压住，如图3-26所示；调整送料台左右位置，使送料牙位于针板槽的中间位置，顶尖贴紧送布台锥形槽后，用螺丝紧固。

安装要求：

（1）确保送料牙在针板槽内左右居中，且与针板槽平行。

（2）送料台前后和上下摆动灵活，且无轴向窜动。

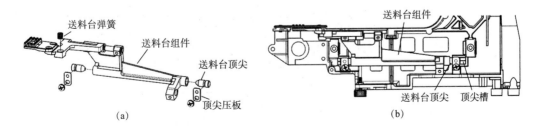

图3-26　送料台组件及装配

3.2.10 装梭床组件

把梭床组件插入机壳大梭孔中,调整梭床的前后位置,使摆梭与机针的配合间隙为0~0.1mm;调整梭床组件的角度,使机针在左针位和右针位到梭盖弹片槽边缘的距离相等,如图3-27所示,然后锁紧紧钉螺丝。

安装要求:

(1)梭床内的摆梭托转动灵活轻滑,且没有轴向窜动。

(2)针梭配合间隙要确保在0~0.1mm,且不能有擦碰摆梭的声音。

(3)机针不能擦到梭盖弹片。

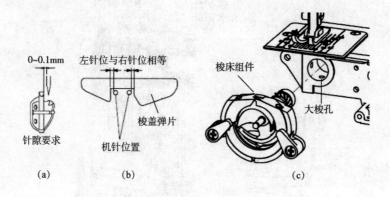

图3-27 梭床组件装配

3.2.11 装下轴组件和调整针梭配合位置

把下轴组件传入机壳上下轴孔内,按图3-28所示调整下轴齿轮与梭轴齿轮的啮合位置,用平头销把下轴碗与大连杆连接。

在梭床中放入针梭配合量规,把花样旋钮设为A挡,转动上轴,使机针位于最下点,

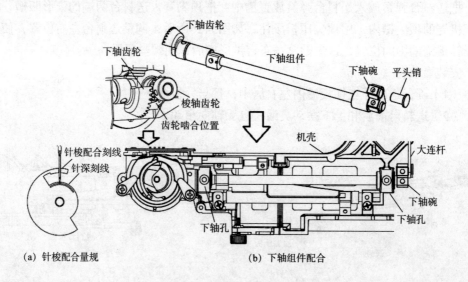

图3-28 下轴组件装配

松开针杆夹头上的螺丝，调整针杆位置，使机针针尖位于量规的针深刻线的中间，锁紧针杆夹头固定螺丝；然后转动针梭配合量规，使机针位于针梭配合刻线的中间，锁紧下轴碗上的螺丝。

安装要求：

（1）下轴转动轻滑且无轴向窜动。

（2）齿轮啮合良好，没有间隙且无半圈松半圈紧的状况。

3.2.12　装牙叉组件及抬牙组件

把牙叉组件上的滑块套入针距调节器滑槽中，滑槽中要加适量的润滑脂，下部通过牙叉连接轴与送料台相连；把抬牙组件固定到机壳上，抬牙组件与上下凸轮的配合面加适量润滑脂，如图3-29所示。

安装要求：

（1）滑块在滑槽中运动灵活轻滑。

（2）抬牙组件摆动要灵活。

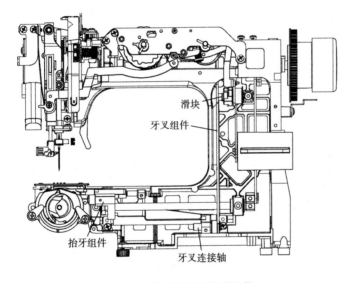

图3-29　牙叉组件及抬牙组件

3.2.13　装绕线器组件

按图3-30所示把绕线器组件安装在机壳上，调整绕线器上的离合推板位置，使绕线器轴在左侧（缝纫状态）时，离合推板与离合滑块脱离；绕线轴推向右侧（绕线状态）时，离合推板推动离合滑块向右运动，皮带轮与主轴脱离连接。

安装要求：绕线器离合状态要正确，绕线运转时不可有离合碰撞声。

3.2.14　安装电气组件

按图3-31所示安装主电动机，开关/插座和照明灯组件；安装电动机皮带，按图示要求，通过螺丝A/B调整电动机皮带的张力。

安装要求：

（1）电动机皮带松紧适度。

（2）电动机及照明灯工作正常，通电运转时不可有冒烟、异响等问题。

3.2.15 安装夹线器组件

按图3-32所示安装夹线器组件，把张力调节旋钮转到旋钮指示为"4"时，调节张力调节螺母，使缝线通过夹线器的张力设定在0.69~0.88N（70~90gf）之间，调整松线杠杆，使压脚提手在抬起状态时，夹线器的张力为零。

安装要求：

（1）夹线器在抬起/放下压脚时，能够正确地松线/夹线。

（2）夹线器的张力要符合规定值。

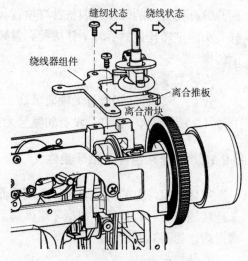

图3-30　绕线器组件装配

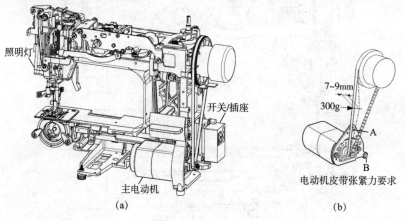

(a)　　　　　　　　　　　　(b)

图3-31　电气组件

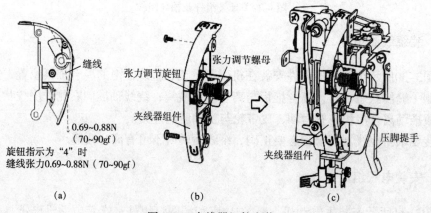

(a)　　　　　　(b)　　　　　(c)

图3-32　夹线器组件安装

3.2.16 调整送料牙高度和送料零点以及伸缩缝图案

送料牙高度调整：如图3-33（a）所示，松开图示紧钉螺丝调整抬牙偏心销，使送料牙高度位于0.9~1.1mm之间（使用送料牙量规确认），锁紧紧钉螺丝。

送料零点调整：花样旋钮设定到〈A〉挡，针距旋钮设定到〈0〉挡，调整零送调节螺丝，在测试纸上缝纫，使11针的送料量在0.6mm以下，如图3-33（b）所示；左侧b、c合格；a、d不良。

伸缩缝图案调整：花样旋钮设定到〈D〉挡，针距旋钮设定到〈0〉挡，调整SS调节螺丝，使缝纫图案与图3-33（c）上部最左侧的图案相符；当出现a现象时向c方向旋转螺丝，当出现b现象时向d方向旋转螺丝。

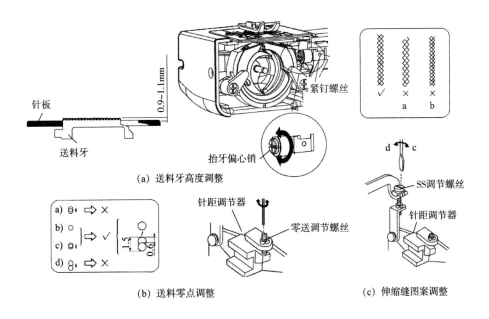

（a）送料牙高度调整

（b）送料零点调整

（c）伸缩缝图案调整

图3-33 调整送料牙高度、送料零点、伸缩缝图案

3.2.17 安装外壳

如图3-34所示，依次安装后盖、前盖、顶盖、灯罩、手轮等外观组件，安装花样和针距旋钮，检查各功能部件的配合性，设定各旋钮的状态，确认外观件配合并清洁机器。

安装要求：

（1）各外观件的配合间隙和段差要控制在0.5mm以内。

（2）外观件表面色差、污点、划伤、缩水、毛刺等缺陷要在限度范围内。

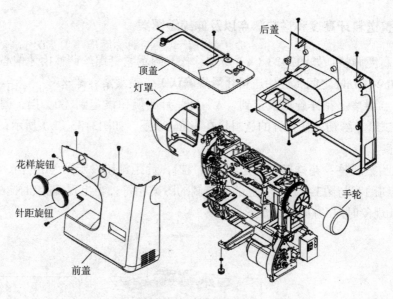

后盖

顶盖

灯罩

花样旋钮

针距旋钮

手轮

前盖

图3-34　外观件装配

3.3　整机调试和检验

缝纫机在装配完成后，由于零件加工、装配等因素影响，可能会有缺陷，为了操作安全和检验要求，需要对产品进行检查和调试，确保缝纫机满足QB/T 1175—2004标准要求；其产品质量要求和检验方法如下。

3.3.1　产品质量要求

（1）外观质量要求。

①装饰图案和文字应清晰、位置正确，应无明显伤痕、断裂等现象。

②塑料件表面光滑平整，色泽基本一致，无明显伤痕。

③电镀件镀层表面应符合QB/T 1572—1992中6.1.1的规定。

④凡与缝线、缝料接触的零件表面应光滑无锐棱。

（2）机器性能要求。

①最高缝纫速度为（750±50）r/min。

②最大线迹长度>4mm，最大线迹宽度>4.5mm。

③机针（Nm110）在运动时，应不碰擦针板容针孔的边缘。

④压脚提升应灵活，当压脚提升到极限位置时，应能起解除针线张力的作用。

⑤绕线器性能良好，绕线均匀；绕线至梭心外径75%~95%时应能自动停止绕线。

⑥线迹长度、线迹宽度和针、梭线的张力应均能调节。调节后不应有自动改变位置的现象。

⑦具有花样选择、锁纽孔装置的机型，其操纵应灵活，调节后不应有自动改变位置

的现象。

⑧ 针迹间宽度最大时，其左、右针迹对针基点的对称度应不大于0.4mm。

⑨ 针基点的偏移量应不大于0.1mm。

⑩ 线迹长度在2.5mm时，顺向与倒向送料的线迹长度应基本一致，其相对误差应不大于15%。

（3）缝纫性能要求。

① 普通缝纫：不应有断针、断线、跳针及浮线等现象。

② 薄料缝纫：不应有断针、断线、跳针及明显起皱等现象。

③ 缝厚能力：不少于6层牛仔布（10盎司）。

④ 层缝能力：不应有断针、断线、跳针及浮线等现象。

⑤ 密缝缝纫：不应有断针、断线及跳针等现象，线迹排列均应整齐均匀。

⑥ 装饰性缝纫：不应有断针、断线及跳针等现象，每个周期的花样应一致。

⑦ 锁纽孔缝纫：不应有断针、断线及跳针等现象，线迹排列应整齐均匀。

⑧ 锁纽孔缝纫时，顺、倒向线迹长度应基本一致，其相对误差应不大于12%。

⑨ 缝料层的潜移量在500mm长度内应不大于5mm。

（4）运转性能要求。

① 最高转速时，运转应平滑，无异常杂声，无卡轧现象。

② 空载运转时噪声声压级应不大于78dB（A）。

③ 脚踏驱动和外装式电动机的机型，启动转矩应不大于0.5N·m。

（5）电器安全性能要求。

① 电器装置应安装牢固。机头的电源线应具有耐油性，不允许与运动部件接触。

② 从缝纫机上的插座至脚踏式控制器之间的电线长度应不小于1.2m；从插座至电源线插头的电线长度应不小于1.9m。

③ 控制器应启闭灵活，接通电源后，控制器从初始状态到电动机转动，应有过渡性的空行程。调速时，应能平滑地加速或减速。

④ 产品为Ⅱ类器具，耐电压性能应能经受1min频率为50Hz或60Hz,电压值为3000V的基本正弦波电压（例行测试时使用2500VAC/3S）。

⑤ 电压变动特性：额定电压在±10%内变化时，应能正常运转。

⑥ 启动特性：额定电压在90%时，应能启动缝纫机。

3.3.2　检验方法

（1）外观质量检验。在光照度为（600±200）lx的光线下，检验距离为300mm，用目测判定。

（2）机器性能检验。

① 最高缝纫速度按表3-1的规定，最高缝纫速度在普通缝纫试验项目中，用非接触式测速仪测试。

表3-1　最高缝纫速度参数

序号	试验项目		采用机针	采用缝线	试料			线迹长度/mm	线迹宽度/mm	缝纫长度/mm	缝纫速度/(针·min⁻¹)
					规格b	尺寸/(mm×mm)	层数				
1	普通缝纫	直形线型	随机机针	按基本参数选用	中平布	1000×100	2	3	—	500	最高缝速a
		曲形线型				1000×100	2	2.5	最大	500	
2	薄料缝纫				绸料	500×100	2	2	—	300	最高缝速的80%
3	层缝缝纫				中平布	250×100	按图3-36	3	—	250	
4	缝厚能力				沙卡其	按GB/T 4516—2013	8	3	—	300	
5	密缝缝纫				中平布	500×100	2	≤0.4	最大	50	
6	装饰性缝纫					500×100	2		自动控制	任选一个花样每个缝纫50mm	
7	锁纽孔缝纫							≤1c			最高缝速a
8	锁纽孔缝纫时，顺、倒线迹长度相对误差					500×100	2		中间值	一个长于10mm的纽孔	
9	缝料层潜移量					按GB/T 4518—2013的规定					
10	最大线迹长度和最大线迹宽度					200×60	2	最大	最大	200	最高缝速a

a 直形线缝：按直形线缝最高缝速；曲形线缝：按曲形线缝最高缝速。

b 所选试料规格按GB/T 406—2008的规定。

c 具有花样控制及自动锁纽孔装置的机型，按产品说明书的要求规定。

② 最大线迹长度和最大线迹宽度：按表3-1规定的试验条件进行缝纫，在两层试料上作直形和曲形线缝各一行，用精度不低于0.02mm的游标卡尺在直形线缝上，取最短的10个连续线迹，求其算术平均值即为最大线迹长度；在曲形线缝上，选取三个最小宽度的线迹，求其算术平均值即为最大线迹宽度。

③ 机针与针板容针孔的间隙：用手转动上轮，目测检查机针（Nm110）在左、中、右基点运行时，是否碰擦针板容针孔的边缘。

④ 松线功能：放下压脚扳手，转动上轮使挑线杆位于最高点，按使用说明书要求穿绕针线，针线绕过挑线杆的穿线孔后垂直悬下，线端挂结质量为50g的砝码；提升压脚并锁住，在插线钉端拉动针线使砝码距离底板平面约20mm时打结固定之，用剪刀剪断插线钉和机头上过线勾之间的线段，砝码应能自行落下。

⑤绕线器性能：以最高缝纫速度试验，用精度不低于0.02mm的游标卡尺测量绕线直径。

⑥调节机构：在"缝纫性能试验"项目中，按产品使用说明书规定的方法调节。

⑦具有针基点变位、花样选择、锁纽孔装置的机构调节，在"缝纫性能试验"项目中，按产品使用说明规定的方法调节。

⑧针迹间宽度最大时，左、右针迹对中基点对称度见表3-2。

表3-2　测量左、右针迹到中基点的距离

检验项目	最大针迹间隔宽度时左、右针迹对针基点的对称度		
针迹间长度	0		
针迹间宽度	最大		
针基点位置(中)	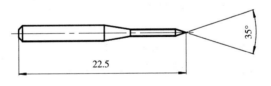		

注（1）符号"○"表示基点。

　　（2）符号"·"表示针迹。

　　（3）符号"⊙"表示基点与针迹重合。

a.把送料牙调至低于针板面（没有升降牙装置的可把线迹长度置于零位），装上专用机针（图3-35），当机针处于下极限位置时，针尖应低于针板上平面0.5~1.5mm，用130g/m^{2}胶版印刷纸或其他相当质量的纸，并用压脚将纸压紧。

b.针迹间宽度调至零，将机针处于中针位，转动上轮，在试料上刺得中基点。

图3-35　专用机针

c.针迹间宽度调至最大，转动上轮，在试料上刺得左、右针迹。用精度不低于0.02mm的游标卡尺测量左、右针迹到中基点的距离L_1和L_r，按下述公式计算：

$$f_c = |L_1 - L_r|$$

式中：f_c——最大针迹间宽度时，左、右针迹对中间点的对称度；

　　　L_1——左针迹至中基点的距离；

　　　L_r——右针迹至中基点的距离。

⑨针基点的偏移量。

a.将针迹间宽度调至零，并使针杆处于上极限位置。具有针基点变位装置的机型，应把机针调至中针位。

b.在离针板上平面56mm处的针杆上用百分表沿垂直送料方向测量（刀刃型触头）。

c.转动上轴3转，记下每转读数，取其中最大示值与最小示值之差为偏移量。

⑩ 顺、倒向线迹长度相对误差：线迹宽度为零，线迹长度调至2.5mm，以500针/min的缝速，在两层中平布上分别作顺、倒线缝各一行。测量顺、倒线缝上10个连续线迹的长度$t_{顺}$和$t_{倒}$。其相对误差按下述公式计算。

$$f_t = \frac{|t_{顺} - t_{倒}|}{t_{顺}} \times 100\%$$

式中：f_t——顺、倒向线迹长度相对误差。

（3）缝纫性能检验。试验前将机头外表擦净，清除针板、送料牙、摆梭以及过线部分的污物，加润滑油后，以最高缝速的80%运转5min，再按表3-1规定的试验条件逐项试验。缝纫速度用非接触式测速仪测试，试验缝纫速度允差为-3%。每项试验前允许调节压脚压力、缝线张力、线迹长度并进行试缝，但在正式试验时则不允许再调节。

① 普通缝纫：按表3-1规定，缝纫500mm，目测判定。

② 薄料缝纫：按表3-1规定，缝纫300mm，目测判定。

③ 缝厚能力：按GB/T 4516—2013的规定进行测试。

④ 层缝缝纫：将缝料按图3-36所示缝固，按表3-1规定缝纫三行，目测判定。

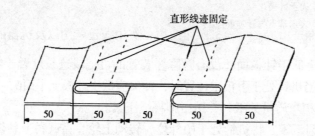

图3-36　缝料缝固示意图　（单位：mm）

⑤ 密缝缝纫：按表3-1规定，缝纫50mm，目测判定。

⑥ 装饰性缝纫：按表3-1规定，任选三个花样，每个花样缝纫50mm，目测判定。

⑦ 锁纽孔缝纫：按表3-1规定。目测判定。

⑧ 锁纽孔缝纫时顺、倒向线迹长度相对误差：分别测量顺、倒送料时所形成的10个连续曲形线迹的总长度$t_{顺}$和$t_{倒}$，按前述顺、倒向线迹长度相对误差公式计算。

⑨ 缝料层潜移量：按GB/T 4518—2013规定的方法进行。

（4）运转性能检验。

① 运转噪声。将线迹长度调至3.6mm，线迹宽度调至4mm，提升压脚并锁住，以最高转速空载运转，用耳听法判定。

② 噪声声压级测定。

a. 线迹长度调至3.6mm，线迹宽度调至4mm。

b. 转速按曲形线缝最高缝速的90%。

c. 除满足上述两项试验要求外，其余按QB/T 1177—2007的有关规定进行试验。

③ 运转转矩。

a. 在普通缝纫项目中试验，目测判定，有无卡轧现象。

b. 启动转矩按QB/T 2252—2012的规定进行测试。

（5）电气试验。

① 电器装置：目测辅以手感判定。电源线的耐油性可由供货商的质量保证书保证。

② 电源线要求：电源线的长度用精度不低于0.5mm的1000mm钢直尺测量。

③ 控制器性能：缝纫机在空载情况下，抬起压脚，绕线器脱开，线迹长度和宽度调节至最大的状态下，操纵调速器。目测判定。

④ 耐电压：按GB 4706.1—2005规定的试验方法进行试验。

⑤ 电压变动特征：将电压在额定电压的±10%范围内变化，按直形线缝普通缝纫条件（表3-1）试缝300mm。

⑥ 启动特征：将电源电压调到额定值的90%，按直形线缝普通缝纫条件（表3-1）试缝300mm。

3.4 缝纫机的操作与使用

能否正确操作与使用缝纫机，关系到缝纫机的使用效率和寿命，我们将从电动式家用多功能缝纫机的各部件组成、缝纫机操作使用、实用线迹调用以及机器的保养、使用机器的安全须知等五个方面进行阐述。

3.4.1 各部分组成

电动式家用多功能缝纫机组成见图3-37，其附属配件见图3-38。

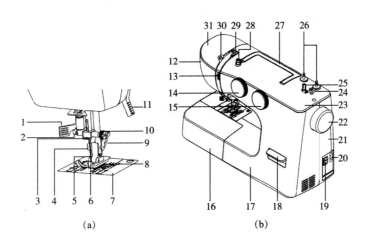

(a)　　　　　　　　　(b)

图3-37　家用多功能缝纫机组成

1—自动穿线器　2—导线器引线器　3—针杆导线器　4—压脚调节螺丝　5—机针　6—通用压脚　7—针板　8—送布齿
9—压脚托架　10—针夹螺丝　11—压脚提手　12—灯罩　13—上线张力调节旋钮　14—花样旋钮　15—针距旋钮
16—附件盒　17—正面盖　18—返缝按钮　19—电源开关　20—电源插座　21—背面盖　22—手轮　23—上盖
24—绕线凸轮　25—绕线器　26—插线柱　27—提手　28—导线器　29—过线板　30—挑线杆(天平)　31—灯罩上盖

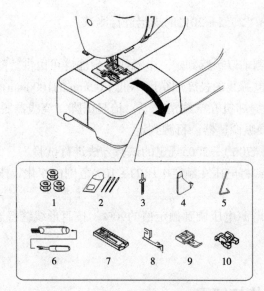

图3-38　家用多功能缝纫机附属配件
1—梭芯（3个）　2—机针（3枚）　3—双针　4—多用开刀　5—平行导向杆
6—带刷挑线刀　7—扣眼压脚　8—暗缝导板　9—拉链压脚　10—钉扣压脚

3.4.2　缝纫机操作和使用

初次使用缝纫机前，请清除针板区残留的油。

（1）连接电源/脚踏控制器。确保关掉缝纫机电源（电源开关调到"○"），然后，如图3-39（a）所示把脚控器插头分别插入机器插座和墙插座。

缝纫机的回转速度可使用脚踏控制器来调整，脚踏控制器踏板压得越低，则回转速度越快，如图3-39（b）所示。

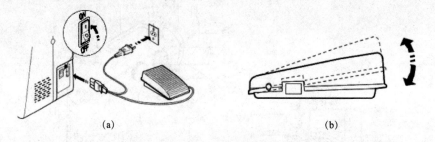

（a）　　　　　　　　　　　　　　　（b）

图3-39　脚踏控制器

（2）电源/照明开关。开启电源/照明开关后，机器才能操作。在保养机器和调换机针时，必须断开机器的电源，如图3-40所示。

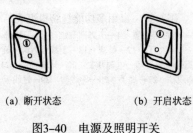

（a）断开状态　　　　（b）开启状态

图3-40　电源及照明开关

（3）转换到筒式缝纫。缝纫机可以用作平板式缝纫，也可以用作筒式缝纫。放上附件盒，它可以增加工作表面，用作标准的平板型缝纫；取下附件盒，机器就变为细长的筒式缝纫结构，用于缝纫儿童服、袖子、裤脚和其他很难缝纫的部位。

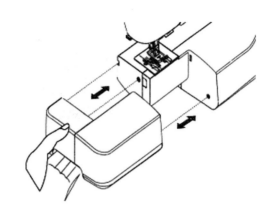

要取下附件盒，如图3-41所示，左手握住附件盒，用力将其往左拉；若要重新装上附件盒，推动附件盒往回滑动，直到咔嚓一声到位为止。

图3-41　附件盒安装与拆卸

（4）操作压脚提手。如图3-42所示，压脚有三个位置：

图中① 降落压脚，以便进行缝纫。

图中② 把压脚提手抬到中间位置，以便放入或者取出织物。

图中③ 把压脚提升到其最高位置，以便更换压脚或者取出厚织物。

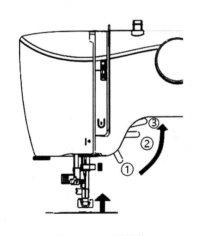

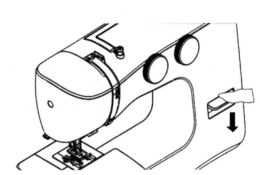

图3-42　压脚操作　　　　　图3-43　返缝按钮操作

（5）使用返缝按钮。当压住返缝按钮时，机器会返缝即向后送布，如图3-43所示。返缝一般用于缝纫开始和结束时加固。

（6）送布齿调节。在一般缝纫时，送布齿均在上升的位置；使用钉纽扣或自由绣花时需要降下送布齿。

图中① 当要降下送布齿时，如图3-44（a）所示，压下横杆往箭头方向移动。

图中② 当要上升送布齿时，如图3-44（b）所示，压下横杆往箭头方向移动。

（7）缝纫指示线。在针板上刻有一些数字，这些数字系指从针中央到刻线之间的距离，在前面的是公制（单位：mm），后面的是英制（单位：英寸），如图3-45所示。

（8）插线柱的设定。插线柱是为了保持缝纫线能够顺利地供机器使用。使用时拉出插线柱，使用完毕后压下插线柱，如图3-46所示。

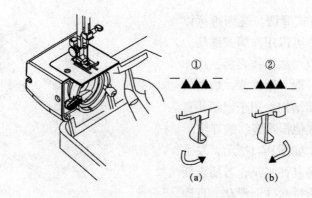

图3-44 送布齿调节

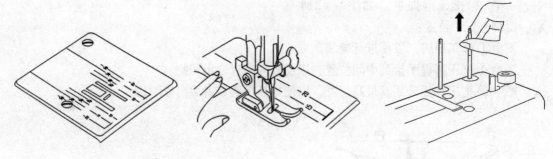

图3-45 缝纫指示线　　　　　　图3-46 插线柱的设定

（9）梭芯绕线。

① 如图3-47所示，把一个线团放入左边的线架，从线团拉出线，把线从导线器上绕半圈，将梭芯放入绕线器轴，确保绕线器轴处于最左边位置，否则可能无法放入梭芯。

② 将线头穿入梭芯孔并从上面拉出，把绕线器轴往右推，直到咔嚓一声，握住线头。

③ 启动机器，当梭芯绕满后，它会自动停止转动，把轴往左推，取出梭芯，把线剪断。

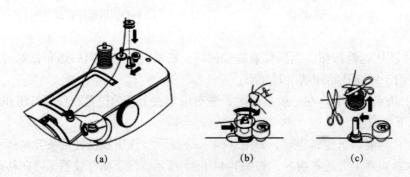

图3-47 梭芯绕线

（10）装取梭壳。

① 从机器上取下辅助盒，转动手轮把机针升高，打开大釜盖。

② 如图3-48所示，用手指拉住梭壳锁扣，从大釜中取出梭壳。

③ 装入梭壳时，必须使梭壳定位杆对准大釜盖上的定位缺口处。

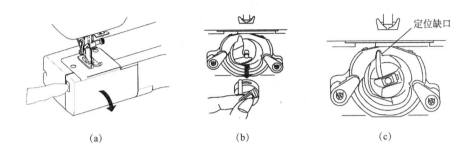

(a)　　　　　　　　　(b)　　　　　　　　　(c)

图3-48　装取梭壳

④ 梭芯装入梭壳：把梭芯放入梭壳中，并确定线头可由箭头方向拉出，然后把线拉入梭壳的槽中，使线穿过弹簧片下边，并由出线口将线拉出，拉出线头约10cm（约4英寸），如图3-49所示。

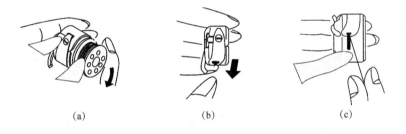

(a)　　　　　　　　　(b)　　　　　　　　　(c)

图3-49　梭芯装入梭壳

（11）压脚的装/卸。如图3-50所示进行压脚的装卸：

① 转动手轮，确保机针处于最高位置，抬起压脚提手。

② 按下压脚托架，去除压脚。

③ 把所需的压脚放入针板，把压脚销对准压脚托架。

④ 降下压脚提手，使得压脚夹滑入压脚。

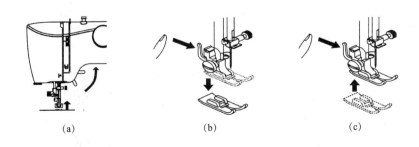

(a)　　　　　　　　　(b)　　　　　　　　　(c)

图3-50　压脚的装卸

（12）穿面线。朝自己方向转动手轮，将挑线杆（天平）上升至最高点，抬起压脚，将缝线装在插线柱上，并将线从插线柱背面拉出（图3-51），再依下述程序穿线：

① 将线穿过过线板。

② 将线微拉紧，并依图示通过夹线器。

③ 由右向左将线穿入挑线杆（天平）。

④ 将线往下拉，滑入面板下面的导线器内。

⑤ 将线滑入导线器内时，不需要将线卡进双针限位弹簧内部。

⑥ 继续将线往下拉，并滑入针棒上的导线器内。

⑦ 将线由正面穿过针眼。

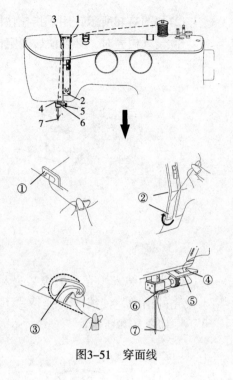

图3-51 穿面线

（13）使用自动穿线器。如图3-52所示，使用自动穿线器步骤如下：

① 把线勾在自动穿线器的导线钩上。

② 握住线头，往下拉杆子。

③ 把杆子往机器后面转。

④ 把线导入钩端，往上拉线。

⑤ 退回杆子，机针会自动穿线。

⑥ 释放杆子，把线拉离自己。

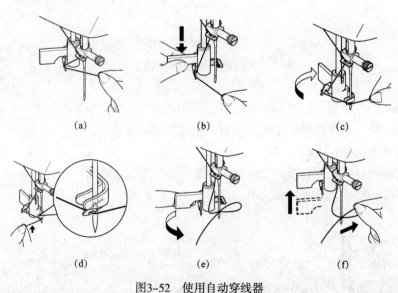

（a）　　　　（b）　　　　（c）

（d）　　　　（e）　　　　（f）

图3-52 使用自动穿线器

（14）挑底线。如图3-53所示，挑底线步骤如下：

① 升高压脚，左手轻轻拉住线端。

② 用右手慢慢朝自己方向转动手轮2~3圈后，将机针上升至最高点，此时轻拉面线就可将底线拉出。

③ 将面线和底线从压脚下面拉出15cm（6英寸），并置于压脚下面。

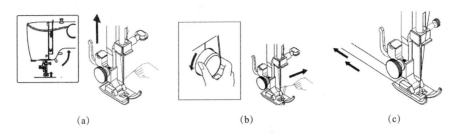

图3-53　挑底线

（15）面线张力调节。线迹外观的好坏主要取决于面线与底线的张力是否平衡，面线、底线在直线缝时应交织于织物的中央，如图3-54（a）所示。调整夹线器调节旋钮，以设定缝纫时所须张力大小。若面线太松，转动调节旋钮到较大的刻度值，如图3-54（b）所示，使面线加紧。若面线太紧，转动调整钮到较小的刻度值，如图3-54（c）所示，使面线放松。

为得到较好的曲折缝线迹，面线的张力一般比底线张力弱，即面线出现在织物的反面，但底线绝不可在织物的正面。

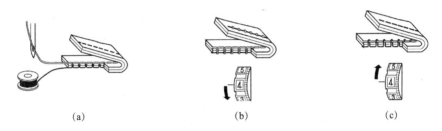

图3-54　面线张力调节

（16）针、线和织物适配表。织物决定了机针和线的选择。表3-3用来实际指导机针和线的选择。进行新的缝纫作业前，请先对照表3-3。务必保证底线的线号、类型与面线的线号、类型一致。

表3-3　针、线和织物适配表

项目	布	线	针号
薄布	薄棉布、薄纱、乔其纱、缎纹布、薄型平纹毛织物	细丝线 细合纤线 细棉包涤纶线	Nm65~Nm75 ($9^#$~$11^#$)
普通布料	中平布、亚麻布、华达呢、哔叽、灯芯绒、法兰绒、羊毛、绉纱	50丝线 50~80棉线 50~60合纤线 棉包涤纶线	Nm75~Nm90 ($11^#$~$14^#$)
厚布	牛仔布、帆布、斜纹布、轧丁布	50丝线 40~50棉线 40~50合纤线	Nm90~Nm100 ($14^#$~$14^#$)

（17）更换机针。如图3-55所示，进行机针更换操作：

① 朝自己的方向（逆时针方向）转动手轮，使针上升到最高点，然后放下压脚。

② 朝自己的方向（逆时针方向）旋转针夹头螺丝，松开机针，并往下取出机针。

③ 把新机针插入针夹头，针平端背向自己。

④ 尽量将机针往上推，同时顺时针方向旋转拧紧针夹头螺丝。

更换机针时，可在压脚下放一块织物，以防止机针掉入针板槽。

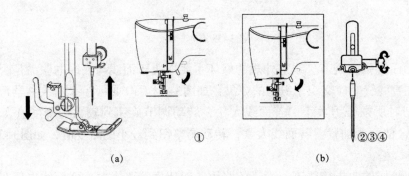

图3-55 更换机针

（18）花样选择。把机针上升到布料的上方，转动花样旋钮到想要缝制花样的位置上，如图3-56所示。

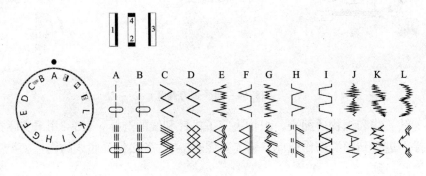

图3-56 花样选择

（19）针距调节。如图3-57（a）所示，转动针距旋钮来调整所需针距的大小；数字越大则针距也越大，可以根据自己所需来选择针距的大小。曲折缝时针距范围是0.3~4mm，扣眼缝针距范围0.5~1mm，伸缩缝针距旋钮的标准位置在"SS"。

当选择伸缩缝时，设定针距旋钮在"SS"位置。当前进、后退送布量变得不平衡时，可依下述方法方式来调整：花样长度要伸长时，针距旋钮向"+"方向调整，花样长度要缩小时，针距旋钮向"-"方向调整，如图3-57（b）所示。

（20）缝制技巧。以下介绍可以获得良好缝纫效果的几个方法，缝制时可以参考这些技巧。

① 试缝，分别使用不同的线迹宽度和长度进行缝制，缝制完成后选取一种最好看的线迹。在正式缝制时，就选取最好看线迹的宽度和长度进行缝制。试缝时，使用与缝制工

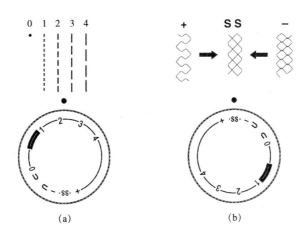

图3-57 针距调节

作相同的布料和线，同时检查线的张力，因为效果因线迹类型和缝制布料层数而异，所以请在与缝制工作相同的条件下进行试缝。

②改变缝纫方向时，如图3-58所示，先停止机器运转，使用右手朝自己方向转动手轮使针插入布中，提升压脚，以针为支轴转动缝布至想要缝的方向后,放下压脚，脚踩脚踏控制器，继续缝纫。

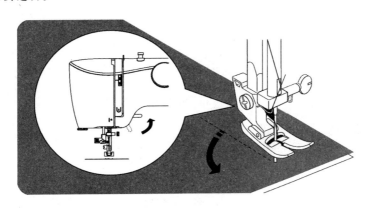

图3-58 改变缝纫方向

③缝制曲线时，可先停止缝纫，然后略微改变缝制方向沿曲线缝制。使用曲折线迹沿曲线缝制时，在曲线处选择较短的针距可以取得更好的线迹效果。

④缝制厚布料时，如果难以将布料放在压脚下，则可以把压脚抬到最高位置，然后将布料放在压脚下。

⑤缝制弹性布料或容易发生跳针的布料，要使用防跳机针及较大的线迹长度，必要时在布料下面放上一块衬布，将其与布料一起缝制。

⑥缝制薄布料或丝绸时，线迹可能偏离或无法正确推进布料，如果发生这类情况，可在布料下面放上一块衬布，将其与布料一起缝制。

⑦缝制伸缩布料，先将多块布缝在一起，然后在不伸缩布料的状态下进行缝制。

⑧使用自由臂方式，当缝制管状或难以达到的部位时，可以使用自由臂缝制功能。

3.4.3 实用线迹

家用多功能缝纫机设有多种实用线迹，以实现各种各样的功能，接下来介绍主要实用线迹的缝制要求：

（1）直线缝。机器设定面板如图3-59所示。

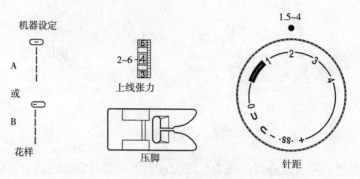

图3-59 机器设定面板

如图3-60所示，抬起压脚，放上缝布并使缝布另一边缘的位置刚好在针板缝纫指示线上，然后用右手转动手轮，使针插在缝布上，放下压脚，将端线向后拉，轻踩脚踏控制器，使布边沿着缝纫指示线送布。为了使缝纫更牢固，当缝纫结束时，压下返缝按钮，使其返缝数针，然后移动缝布，同时将缝线向后拉。

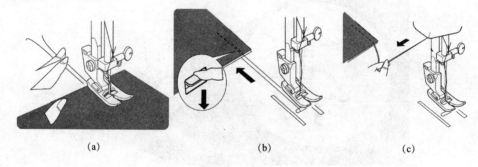

（a）　　　　　　（b）　　　　　　（c）

图3-60 直线缝

为了下次缝纫时方便，用切线器剪断缝线，并留下适当的长度。

（2）曲折缝（ZZ缝）。简单的曲折缝广泛地运用于包边缝、缝纽扣等，如图3-61所示。

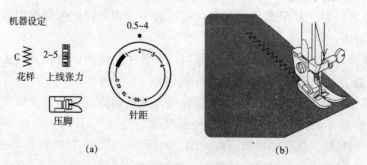

（a）　　　　　　　　　　　（b）

图3-61 曲折缝

（3）包边缝。这种缝法可缝合布边磨损不齐，并避免布边脱线，如图3-62所示。

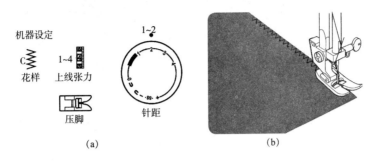

图3-62　包边缝

（4）锁边缝。锁边缝适用于当右边针落点超过布边时，如图3-63所示。

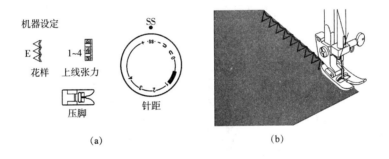

图3-63　锁边缝

（5）斜针缝。把缝料布置于压脚下方，并使布边稍微处于压脚右侧里面，依此种方式缝纫时，缝针便会落于布边，如图3-64所示。

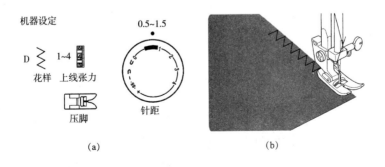

图3-64　斜针缝

（6）三重缝。这种针法是缝两针向前、一针向后，具有强化缝合效果，所以这种缝法很难撕开，缝布在缝纫前应先用长针假缝固定，如图3-65所示。

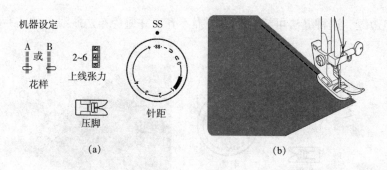

图3-65 三重缝

（7）钉纽扣。降下送布齿，换上钉扣压脚，如图3-66（a）所示。把织物和纽扣放在钉扣压脚下面，降下压脚，转动手轮，确保针能够自由入纽扣的左右孔，必要时进行调节，交叉缝10个线迹。安装四孔纽扣时，先安装靠近自己的两孔，然后往缝纫机后面滑动纽扣，使得针进入另外两孔，用同样的方法把它们钉住，如图3-66（b）所示。

为了加强缝线的强度，可先预留25cm长的尾线，把线拉到布和扣子的中间缠绕线轴，拉紧并打结，如图3-66（c）所示。

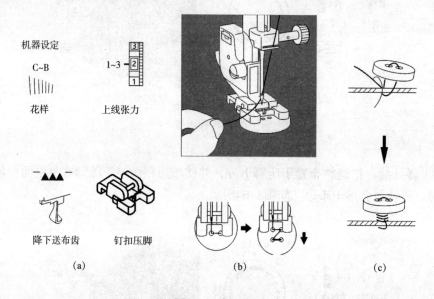

图3-66 钉纽扣

（8）锁扣眼。按图3-67（a）所示设定上线张力旋钮和针距旋钮位置，并按图3-67（b）所示换上扣眼压脚。在正式缝扣眼之前，请在其他织物上试缝一下。使用弹性面料时，要在底部贴加衬布。具体步骤如下，参见图3-68。

① 在花样旋钮选定扣眼挡位①，将上线和底线置于压脚下面往左拉出，将织物置于压脚下；确认起点位置后，放下压脚，缝制左边所需长度后，停下机器（机针应停在左边）。

② 转动手轮将机针调至最高点，调到④/②挡，缝纫5~7针，停下机器。

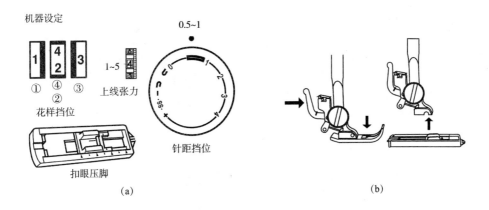

图3-67　锁扣眼面板设定

③ 转动手轮将机针调至最高点，调到③挡，缝右边线迹长度，当和左边相同时停下机器。

④ 转动手轮将机针调至最高点，调到④/②挡，缝纫5~7针。

⑤ 抬起压脚，拿出织物，剪断上、下线，各留线头约10cm，然后将上线拉到布后面打结。

⑥ 按图3-68（c）所示，用拆线器切开纽扣孔口。

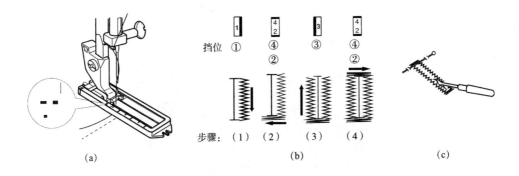

图3-68　锁扣眼步骤

（9）包线扣眼缝。抬起压脚，把所要包的绳子拉到压脚后面突出处；把绳子从压脚底下平接到前面，从后面拉过来绳子，并在压脚前面突出处绑紧，把针下降到要开扣眼的布的开始位置上，并放下压脚，开始缝扣眼，完成后拉紧并拉直被包绳子，然后剪断多余的被包绳子，如图3-69所示。

（10）缝拉链。使用拉链压脚，可以车缝拉链的左边或右边，按图3-70所示设定机器，并换上拉链压脚。

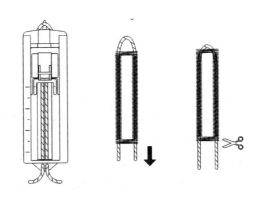

图3-69　包线扣眼缝

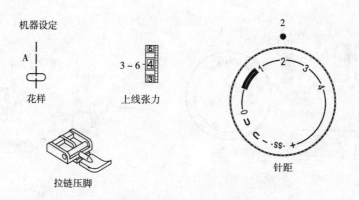

图3-70　缝拉链面板设定

　　当缝装拉链的右边时，将压脚托架扣在拉链压脚的左销上，如图3-71（a）所示，使机针落在拉链压脚的左缺口处；当缝装拉链的左边时，将压脚托架扣在拉链压脚的右销上，如图3-71（b）所示，使机针落在拉链压脚的右缺口处。

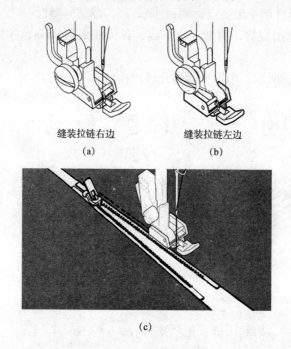

图3-71　缝装拉链

　　（11）暗（盲针）缝。暗缝线迹主要用于窗帘、裤子、裙子等的卷暗边缝纫，暗缝需压脚与暗缝导板一起配合使用，暗缝时的设定如图3-72所示。

　　按图3-73（a）所示放下压脚，松开压脚的固定螺丝并放入暗缝导板，拧紧螺丝并确认暗缝导板侧壁位于压脚中间。按图3-73（a）所示折布料，抬起压脚把折好的布料放入暗缝导板，并使布料边缘紧靠暗缝导板的侧壁，放下压脚慢慢车缝，车缝时必须保持布料边缘紧靠暗缝导板侧壁，如图3-73（b）所示。车缝完成后把布料翻向右边，即可得到暗缝线迹，参见3-73（c）所示。

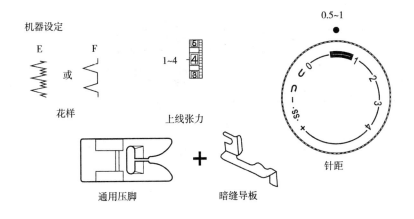

图3-72　暗缝面板设定

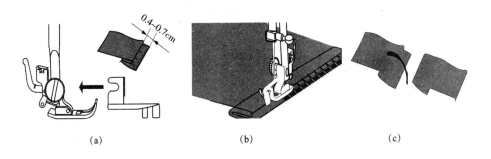

图3-73　暗（盲针）缝

（12）壳形缝。使布边沿着压脚的槽缝合，在缝纫时右针不可以落在布上，如此即可形成贝壳状线迹，如图3-74所示。

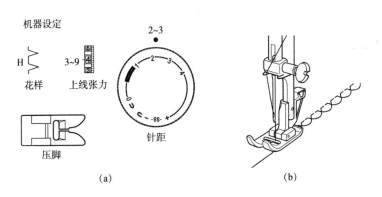

图3-74　壳形缝

（13）加固花样缝。如图3-75所示的加固花样缝有多种图案可以选择，线迹也非常牢固。在进行加固花样缝时，每针针距的前进、后退量会依布料种类不同而有所差异，为了更正此现象，可按下述方式来调整：当花样压缩时，针距旋钮向"+"方向调整。当花样伸长时，针距旋钮向"-"方向调整。

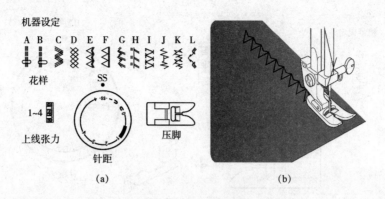

图3-75　加固花样缝

（14）装饰花样缝。如图3-76所示，装饰花样缝时，送布量不能太大，同时上、下线张力调整要适当，使上线能穿过缝布的反面，在正式缝纫前可先试缝。

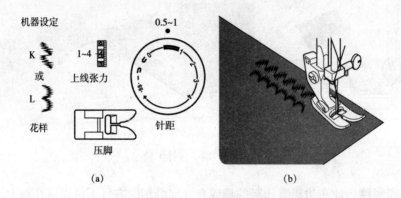

图3-76　装饰花样缝

（15）碎褶缝。如图3-77所示，将针距调整至"4"，沿针板上的缝纫指示线，缝四条间隔1cm的直线，然后在线的另一端打结，再慢慢拉线，使另一端皱褶即可成为碎褶缝，此时可在中间缝一些装饰缝。

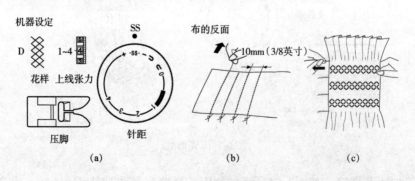

图3-77　碎褶缝

（16）自由缝。这种缝法可以用来绣花或缝制自己喜欢的花样，如图3-78所示，在进行自由缝时，先要取下压脚及托架，并降下送布齿。

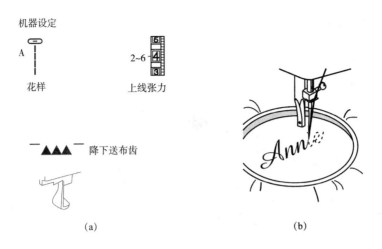

图3-78　自由缝

3.4.4　机器保养

当缝纫机长时间闲置，重新使用时；或缝纫机连续工作4~8h或者有异响时，需要保养并加注润滑油。

（1）梭床的清洁保养。将针上升到最高点，按图3-79所示步骤拆卸、清洁及注油：

① 取下梭芯套。

② 打开梭床压脚螺丝。

③ 取下梭床盖。

④ 取下摆梭。

⑤ 用小刷子清洁大釜。

⑥ 加注润滑油。加注润滑油要适量，一般滴2~3滴即可。

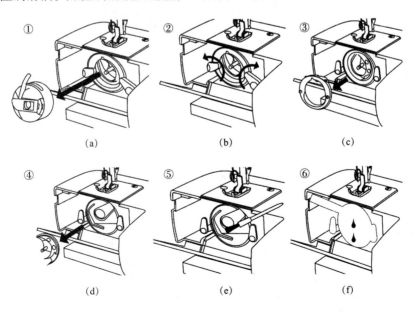

图3-79　梭床拆卸、清洁及注油

保养完成后，按图3-80所示步骤安装梭床：

① 装上摆梭。

② 装上梭床盖。

③ 合上梭床压脚螺丝。

④ 装上梭芯。

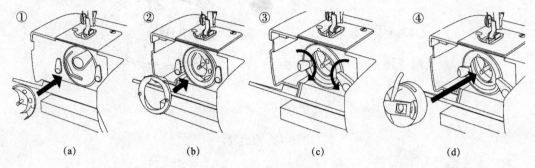

①	②	③	④
(a)	(b)	(c)	(d)

图3-80　安装梭床

（2）清洁送布齿。按图3-81（a）所示移去机针、压脚，松开针板固定螺丝，并取下针板，按图3-81（b）所示，用刷子清扫送布齿上的污渍、线头、棉絮等，然后装回针板。

（3）针杆注油。在正常使用状况下，一年大概注油2~3次，当缝纫机长时间闲置，重新使用时，或机器运转不良时，在注油处滴入几滴缝纫机油，再让机器快转1min即可。注油方法如下：

① 按图3-82（a）所示松开灯罩螺丝，取下灯罩。

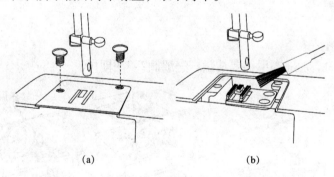

(a)　　　　　　　　　(b)

图3-81　清洁送布齿

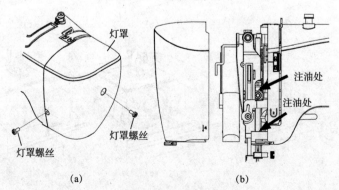

(a)　　　　　　　　　(b)

图3-82　针杆注油

② 在图3-82（b）所示位置点几滴优质的缝纫机油，并让机器快转1min。

（4）大连杆注油。大连杆注油步骤如下：

① 按图3-83所示松开上盖螺丝，取下上盖。

② 在图3-84所示位置点几滴优质的缝纫机油。

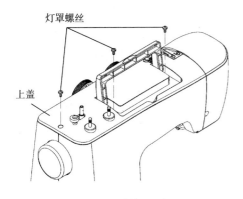

图3-83 拆卸上盖

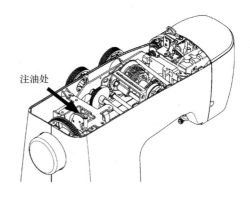

图3-84 大连杆注油位置

3.4.5 常见故障及排除

缝纫机在使用过程中，会遇到各种各样的故障和操作错误，表3-4列出了常见故障及解决方法。

表3-4 常见故障及解决方法

故障	原因	解决方法
断面线	面线穿线错误	正确穿面线
	面线太紧	调整面线张力
	机针弯曲或已钝	更换机针
	机针没有装妥	重新安装机针
	在开始缝制时，面线和底线没有正确地固定在压脚的下面	正确操作
	线选择不当	更换合适的线
断底线	底线穿线不正确	正确穿底线
	棉絮积在梭床上	清理梭床
	梭芯已损坏并且转动不平滑	更换梭芯
断针	机针没有装妥	重新安装机针
	机针弯曲或已钝	更换机针
	机针固定螺丝松动	拧紧螺丝
	面线太紧	调整面线张力
	针太细	更换合适的机针
跳针	机针没有装妥	重新安装机针
	机针弯曲或已钝	更换机针
	对所缝面料而言，针和(或)线不适合	更换合适的机针或缝线
	面线穿线错误	正确穿面线
	针选择错误	更换合适的机针

续表

故障	原因	解决方法
缝迹起皱	面线太紧	调整面线张力
	面线穿得不对	正确穿面线
	对所缝面料而言，面线太粗	更换合适的线
送布不顺	送布齿被线缠住	清理送布齿
	卡线	清理卡线，重新穿线
机器不转	电源插头未插牢	重插电源插头
	梭床处夹线	清理夹线
	绕梭芯后未把绕线轴放回原处	把绕线轴拉回原处
卡线	在缝纫时，压脚扳手没有放下	放下压脚扳手
	面线穿线错误	正确穿面线
	底线穿线错误	正确穿底线

3.4.6　安全须知

当使用缝纫机时，应遵循基本的安全防范措施，包括以下几点：

（1）请勿将缝纫机当作玩具使用，在儿童身边使用缝纫机时需特别注意。

（2）8岁及以上儿童、体格或精神能力不良、缺乏经验和知识的人员，在安全监督和指导下，并且了解所涉及的危险性，可以使用缝纫机。小孩不得玩弄缝纫机。

（3）缝纫机只可用于说明书所规定的用途，只可使用厂商在说明书中推荐的附件。

（4）当电源线或插头损坏，缝纫机工作不正常，或曾经跌落损坏，曾经掉入水中，切勿继续使用。请将缝纫机送到最近的授权经销商或服务中心，请专业人员对其进行检查或维修。

（5）操作时，请保持缝纫机及脚踏控制器的通气孔通畅。

（6）请勿让任何异物掉入或插入任何开口部位。

（7）请勿在室外使用。

（8）请勿在使用喷雾剂或正在供氧的场所使用缝纫机。

（9）若要断开电源，请先将开关拨至关（"〇"）的位置，然后再从电源插座上拔出插头。

（10）请勿直接通过拉电源线来拔插头，应握住插头拔出。

（11）缝纫时，请勿将手指接触任何活动部件，特别是机针周围。

（12）请勿使用损坏的针板，否则会引起断针。

（13）请勿使用弯曲的机针。

（14）在缝纫时，请勿推拉织物，否则可能导致机针弯曲或断针。

（15）在机针附近进行任何调整操作，如穿线、换针、梭芯穿线、调换压脚等，请先开关拨至"〇"的位置，关闭电源。

（16）当拆卸外壳，进行润滑或进行本说明书提及的其他保养调节操作时，请务必关闭电源，拔下插头。

（17）应注意下列方面，防止伤害：当离开缝纫机时，请关掉电源并拔下插头。
当进行维护时，请关掉电源并拔下插头。

复习思考题

1. 电动式家用多功能缝纫机有哪些主要机构？
2. 简述电动式家用多功能缝纫机的装配流程。
3. 家用多功能缝纫机包括哪些性能要求？

第4章

电脑式家用多功能缝纫机

20世纪90年代以来,计算机技术快速发展,成本也大幅降低,各行各业掀起了计算机应用的热潮。微电子技术和计算机技术也越来越多地应用到家用缝纫机上,使家用缝纫机进入了智能型产品时代,与电动式多功能家用机相比,电脑式家用多功能缝纫机有以下特点:

(1)摒弃了结构复杂的凸轮组花样机构,采用计算机直接驱动步进电动机产生花样,极大地丰富了花样的种类和样式,不仅可以缝制各种图案,还可以缝制文字,花样的数量仅受限于存储空间。

(2)克服普通消费者对缝纫机操作较难掌握的缺点。设计上采用图形化界面显示,简单易用的人机界面和方便的互动操作性,使消费者更容易掌握和使用。

(3)增加了各种各样的传感器,对机器的运行状态进行实时监测,对错误操作及故障进行提示,大幅降低了机器维护的要求。

依据勾线机构的不同,电脑式家用多功能缝纫机一般也分为摆梭式和旋梭式两种类型。由于旋梭噪声低、振动小,而且换底线更方便,现在基本上电脑式家用多功能缝纫机都采用旋梭式结构。

4.1 主要机构及工作原理

电脑式家用多功能缝纫机是由单片式计算机程序控制,并通过步进电动机驱动调节线迹宽度和线迹长度来实现缝纫线迹的多功能家用缝纫机。一般是筒台型机体,采用连杆挑线、针杆摆动、摆梭或旋梭勾线、下送料机构,形成GB/T 4515—2008规定的301及304线迹。

HQ2700缝纫机采用筒台式机体,水平旋梭勾线,曲柄连杆挑线,下送布,针距可调,电动机内置,夹线器内置,卷线自动离合,自动穿线,单步锁扣眼,缝纫线迹不少于100种,主要由下述机构组成。

4.1.1 刺料机构

刺料机构也称针杆机构,用来穿刺缝料、携带面线与勾线机构配合形成线迹;刺料机构是典型的曲柄滑块机构,如图4-1所示,电动机驱动上轴带动上轴平衡凸轮转动,通过小连杆传递至针杆夹头，带动针杆在针杆支架中做往复直线运动，安装于针杆下端的机针随针杆一起上下运动，不断刺穿缝料至针板下方，与旋梭配合进行勾线，从而形成锁式线迹。

4.1.2　挑线机构

采用连杆式挑线机构，通过挑线杆上下运动，对面线进行收线和供线，配合刺料机构和勾线机构动作，保证形成高质量的线迹；如图4-2所示，挑线杆3由上轴平衡凸轮2驱动，通过挑线摇杆4以挑线摇杆支轴支点进行上下摆动，向上运动时进行收线，向下运动时放线；连杆式挑线机构的特点是收线速度快、供线稳定、运行速度高、冲击小、噪声低。

4.1.3　勾线机构

勾线机构的作用是用来配合机针进行勾线，形成线迹，电脑式家用多功能缝纫机采用梭式装置勾线，分为摆梭和旋梭两种类型；HQ2700型采用旋梭勾线，结构如图4-3所示；上轴2通过同步皮带3把转动传递到下轴4，固定在下轴上的下轴齿轮5与固定在旋梭7上的旋梭齿轮6啮合，带动旋梭旋转，与机针上下运动相配合完成勾线。

下轴齿轮与旋梭齿轮的传动比为1∶2，即上轴带动下轴旋转一周，旋梭旋转两周；这是因为旋梭无法在同一圈内完成勾线、脱线和再勾线动作，只能空转一周再进行下一个勾线动作。

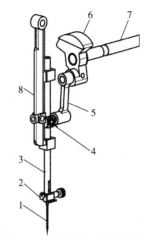

图4-1　刺料机构（针杆机构）
1—机针　2—针夹头　3—针杆
4—针杆夹头　5—小连杆
6—上轴平衡凸轮　7—上轴　8—针杆支架

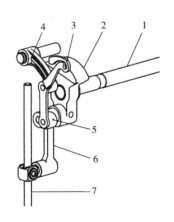

图4-2　挑线机构
1—上轴　2—上轴平衡凸轮头　3—挑线杆　4—挑线摇杆　5—挑线曲柄
6—小连杆　7—针杆

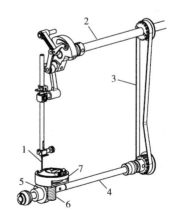

图4-3　勾线机构
1—机针　2—上轴　3—同步皮带
4—下轴　5—下轴齿轮　6—旋梭齿轮
7—旋梭

4.1.4 送料机构

送料机构的作用是输送缝料，把缝料在原有的位置上移动一个距离，以使下一个线迹在新的位置上形成的过程称为送料。电脑式家用多功能缝纫机一般采用下送料方式，送料过程如图4-4所示。

送料运动是一个复合运动，即水平运动和垂直运动的复合，它是一个封闭的曲线运动，即在每个针距中，送料牙要作上升、向前、下降、向后不断地交替运动。当送布牙完成送料运动后，又下降至针板下与缝料脱离后，退到原来的位置，准备下一个送料动作。

缝纫机送料的基本结构是典型的凸轮摇杆机构，图4-5是HQ2700的送料机构，下轴2带动水平送料凸轮4旋转，推动二叉杆3摆动，二叉杆3通过连接在其上的水平送料腕1、送料台8，把自身的摆动传递到送料牙9，带动送料牙做水平往复运动；同时下轴带动固定在其上的上下送料凸轮5旋转，推动上下腕6上下摆动，通过上下腕推杆7、送料台8、推动送料牙9上下运动，与水平运动一起，构成如图4-4所示的送料牙的送料轨迹。

4.1.5 曲折缝机构

曲折缝机构控制机针的横向摆动，与送料机构一起形成多种设定的线迹图案；图4-6是HQ2700的曲折缝机构，步进电动机3通过固定在其上的电动机齿轮2与扇形齿轮4啮合，把步进电动机的往复旋转运动转换为摆动，通过诱导板5，推动针杆支架8，从而带动安装

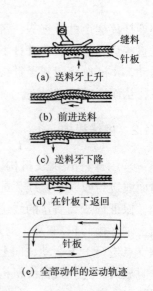

(a) 送料牙上升

(b) 前进送料

(c) 送料牙下降

(d) 在针板下返回

(e) 全部动作的运动轨迹

图4-4　送料牙运动轨迹示意图

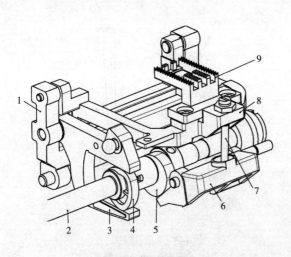

图4-5　送料机构

1—水平送料腕　2—下轴　3—二叉杆　4—水平送料凸轮
5—上下送料凸轮　6—上下腕　7—上下腕推杆　8—送料台
9—送料牙

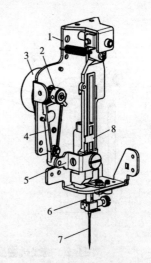

图4-6　曲折缝机构

1—针幅电动机支架　2—电动机齿轮　3—步进电动
机　4—扇形齿轮　5—诱导板　6—针杆　7—机针
8—针杆支架

在针杆支架上的针杆6及机针7进行横向摆动；内置的计算机控制器驱动步进电动机按设计的需求进行往复转动，从而获得各种设定的针迹图案及功能。

4.1.6　针距调节机构

针距调节装置用于调节针距的长度，工作原理如图4-7所示，送料调节器固定在轴2上，二叉杆由固定在轴1上的偏心凸轮驱动往复摆动，滑块在送料调节器的滑槽内运动，滑块通过轴3与二叉杆连接在一起，当滑块沿送料调节器的运动弧线的圆心R与轴4重合时，如图4-7（a）中所示，与轴4相连的送料台不发生水平方向的移动，此时的送料量为零。

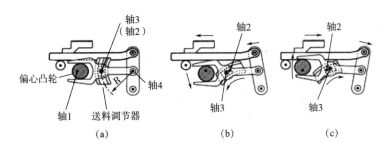

图4-7　针距调节示意图

若旋转送料调节器至不同的角度，使滑块沿送料调节器的运动弧线的圆心R与轴4偏离，则与之相连的送料台带动送料牙发生水平方向的移动，如图4-7（b）、（c）所示，送料牙水平位移的方向及大小与送料调节器的旋转角度呈大致的比例关系，以零针距为基准，送料调节器逆时针旋转时为前进送料，顺时针旋转时为后退送料（倒缝），故通过控制送料调节器的角度来控制针距。

HQ2700的针距调节机构如图4-8所示。步进电动机2通过固定在其上的电动机齿轮1与送料调

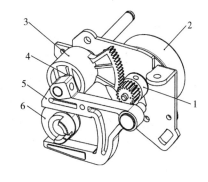

图4-8　针距调节机构
1—电动机齿轮　2—步进电动机　3—送料调节器
4—球形滑块　5—二叉杆　6—水平送料凸轮

节器3上的扇形齿轮啮合，当安装在二叉杆5上的球形滑块在送料调节器的滑槽内活动；内置的计算机控制器驱动步进电动机按设计的需求进行转动，推动送料调节器滑槽转动到设定的角度，以此达到调节针距的目的。

4.1.7　压脚机构

压脚的作用是压紧缝料，提高线迹形成质量，同时提供给送料牙可靠的正压力，获得良好的送料质量。

压脚机构由压杆3及固定在压杆上的压脚底板1、压脚托架2、压杆导架4及弹簧5等部分组成，如图4-9所示，压杆安装在压杆支架上，通过压杆导架与压脚提手7相接触，压

脚提手用于调节压脚的位置，放下压脚时，压脚底板压紧缝料，通过安装在压杆上的弹簧，提供压脚向下的压力；当缝纫完成时，可以抬起压脚以取出缝料。缝纫机的压脚托架属于快换压脚，按动压脚托架尾部的杠杆，可以快速拆下压脚底板，更换其他种类的压脚。

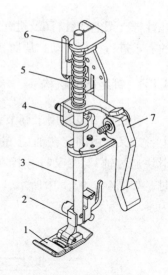

图4-9 压脚机构
1—压脚底板 2—压脚托架 3—压杆
4—压杆导架 5—弹簧 6—压杆
支架 7—压脚提手

4.1.8 夹线与过线机构

夹线装置给缝线提供可调整的张力，以获得质量良好的线迹，夹线装置由夹线盘、夹线弹簧、张力调节旋钮等组成，如图4-10所示，缝线从夹线盘中通过，夹线弹簧在夹线盘的外侧对夹线盘施加设定的压力，转动张力调节旋钮，会带动张力调节螺母横向移动，压缩或放松夹线弹簧，从而实现缝线张力调节的效果。

过线装置是为缝线分解捻度、提供导向及防止缝线出现混乱和打结等问题，同时采用可调整的导向装置为夹线装置、挑线装置以稳定良好的配合方式提供缝线，过线装置有过线柱、过线板、线勾等多种类型。

4.1.9 绕线机构

绕线机构用来绕制梭芯缝线，其结构包括绕线轴、摩擦轮、满线凸轮等部件，如图4-11所示。在正常缝纫时，绕线器的摩擦轮与主轴皮带轮脱开，绕线机构不工作；需要绕制梭芯缝线时，把梭芯安装到绕线轴上，并把绕线器摩擦轮推向主轴皮带轮，摩擦轮贴紧主轴皮带轮，靠摩擦力来传递动力，驱动绕线轴旋转开始绕线，随着线量的不断增加，梭芯被满线凸轮逐步顶起，当线量绕满时，被顶起的梭芯带动摩擦轮完全脱离主轴皮带轮，绕线停止。

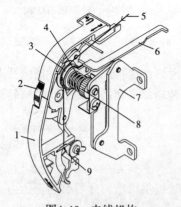

图4-10 夹线机构
1—夹线器支架 2—张力调节旋钮 3—夹线盘 4—夹线
弹簧 5—缝线 6—松线杠杆 7—夹线器固定架 8—张力
调节螺母 9—吊线弹簧

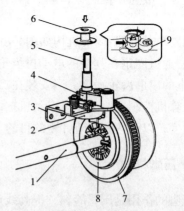

图4-11 绕线机构
1—上轴 2—绕线器摩擦轮 3—绕线器固定架 4—绕线器
连杆 5—绕线轴 6—梭芯 7—主轴皮带轮 8—离合滑块
9—满线凸轮

4.1.10 电控系统

电控系统框图如图4-12所示，其中电源控制模块、主控制模块作用如下：

电源控制模块用于给产品提供动力，电源模块采用开关电源技术，使用110~220VAC的宽电压输入，输出DC24V和DC5V直流电压，分别为电动机和控制芯片供电。

主控制模块是电控系统的核心，由单片式计算机和各种驱动芯片组成；用来监测和处理外接的各个传感器的输入数据，并根据相关传感器的状态发出指令，推动电动机等执行机构按规定的程序运作。

操作与显示模块是人机交互界面，用于接收用户发出的指令，并把执行结果显示和反馈给用户。

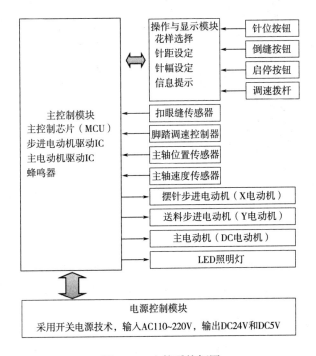

图4-12　电控系统框图

4.2 装配工艺及流程

HQ2700系列电脑式家用多功能缝纫机装配流程：安装上轴组件、安装下轴组件、安装旋梭、安装送料组件、安装针距调节组件、安装内釜，调整内釜间隙、安装针板、安装压杆组件、安装挑线杆组件、安装曲折缝组件、调整针高及穿线器位置、调整送料时间、调整针隙、调整针梭交会、调整送料牙高度、安装绕线器组件、安装针板组件、安装夹线器组件、安装电控组件、调整伸缩缝零位、安装外观组件。

4.2.1 安装上轴组件

按图4-13所示，把同步皮带套入上轴组件中，然后把上轴组件的球轴承放入机壳上轴球轴承槽内，放上轴承压板，用螺丝紧固。

安装要求：上轴转动轻滑无卡点，且无轴向间隙。

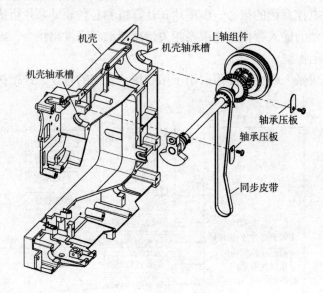

图4-13　装配上轴组件

4.2.2 安装下轴组件

按图4-14所示，把下轴组件的球轴承放入机壳下轴轴承槽内，放上轴承压板，用螺丝紧固；然后把同步皮带套入下轴同步带轮上，安装皮带张紧轮，压紧同步皮带。

安装要求：

（1）下轴转动轻滑且无轴向窜动。

（2）同步皮带的张力保持在1.96N（200gf）左右（用张力量具测量）。

4.2.3 安装旋梭

按图4-15所示，把旋梭内轴穿入旋梭本体，安装到机壳的梭轴固定孔内，调整下轴上的偏心球轴承，使旋梭齿轮和下轴齿轮的啮合既轻滑灵活，又没有间隙。

安装要求：

（1）旋梭本体要旋转灵活轻滑且无轴向窜动。

（2）旋梭齿轮和下轴齿轮的啮合轻滑灵活，且没有间隙。

4.2.4 安装送料组件

按图4-16所示，先把送料台套入旋梭并固定到机壳上，再把送料牙安装到送料台上，安装时要保持送料牙与针板槽平行，使用送料牙调整工装。

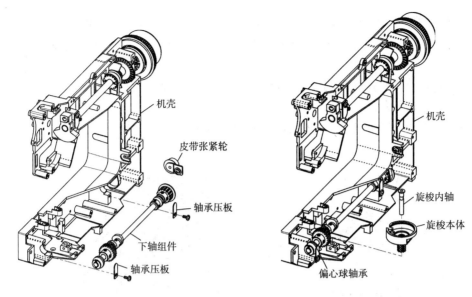

图4-14　装配下轴组件　　　　　图4-15　装配旋梭组件

　　安装上下送料组件，把送料台上的上下腕推杆末端放入上下腕的锥形槽内，并用弹簧拉住送料台，以防上下腕推杆脱落。

　　安装要求：

　　（1）送料腕上下摆动灵活，且无轴向窜动。

　　（2）落牙拨杆操作灵活，能顺利实现落牙功能。

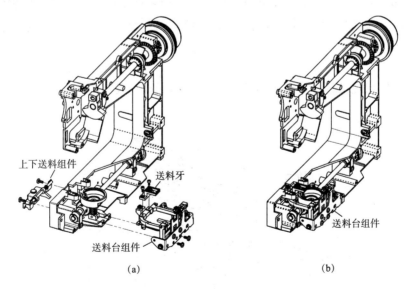

（a）　　　　　　　　　　　　　　（b）

图4-16　安装送料组件

4.2.5　安装针距调节组件

　　按图4-17所示，把二叉杆上的球形滑块装入针距调节组件的滑槽中，用六角头螺丝把针距调节组件固定到机壳上，然后把零位调节螺丝从下向上依次穿入送料台和压缩弹簧，并旋入针距调节组件的螺纹孔内；把梯形螺丝安装到如图所示长形孔中，调节针位调节螺丝，使梯形螺丝位于长形孔的中间位置；使用防松螺母固定零位调节螺丝端部。

安装要求：

（1）安装前要检查针距调节器齿轮啮合轻滑且无间隙。

（2）针距调节器滑槽与球形滑块配合灵活且无间隙。

（3）针距调节器滑槽要与下轴平行，使用专用量具检查。

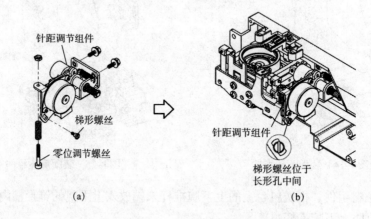

图4-17　针距调节组件装配

4.2.6　安装内釜及调整内釜摆动间隙

按图4-18所示，把限位板支架安装到机壳上，把内釜按图示方向放入旋梭中，把限位板安装到限位板支架上，调整限位板的位置，使限位板前端贴紧内釜时，内釜凸起与止动弹片的间隙在1~2mm。

安装要求：

（1）内釜与旋梭配合良好，旋梭旋转时内釜应无抖动及碰撞声。

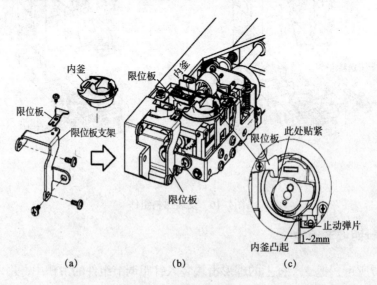

图4-18　内釜装配及调整

（2）要确保内釜凸起与止动弹片的间隙在1~2mm。

4.2.7 安装针板组件

按图4-19所示，把针板组件安装到机壳上，用针板螺丝固定；调整针板托架的位置，使其紧贴针板底面。

安装要求：

（1）安装前要确认针板及螺丝不可有电镀缺陷。

（2）安装时不要划伤针板，用力要均匀，不能让针板螺丝产生毛边。

（3）送料牙要与针板槽平行，且位于针板槽居中位置。

（4）针板梭盖开启和关闭要灵活，梭盖开启时要弹出针板面3mm以上。

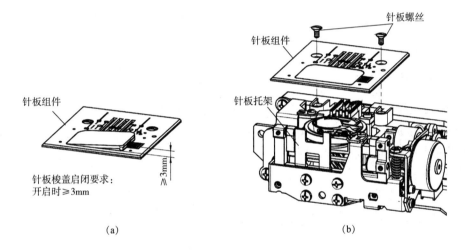

(a) (b)

图4-19 针板组件装配

4.2.8 安装压杆组件

按图4-20所示，把压杆支架组件固定到机壳上，把压杆穿入压杆支架孔中，并依次穿入压杆导架和弹簧,把压脚固定到压杆上，调整压脚与针板的位置，使压脚容针孔和针板容针孔对齐，压脚长边与针板的送料牙槽对齐并盖住送料牙槽，轻锁压杆导架上的紧定螺丝。

安装压脚提手和张力开放拨杆；抬起压脚提手，调整压脚与针板之间的空隙为5.5~6mm，使用压脚高度调整量具，然后紧固压杆导架上的紧定螺丝。

安装要求：

（1）使用压脚提手抬/放压脚时，压杆应上下活动灵活，不可有卡轧现象。

（2）放下压脚时，压脚应完全盖住针板送料牙槽并与其平行，压脚容针孔与针板容针孔对齐。

（3）压脚抬起高度为5.5~6mm。

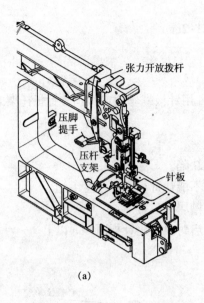
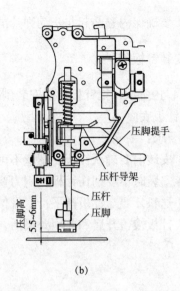

图4-20 压杆组件装配

4.2.9 安装挑线杆组件

按图4-21所示，把小连杆穿入挑线曲柄轴上，把挑线曲柄轴插入上轴平衡凸轮孔中，使挑线曲柄轴上的平面与上轴平衡凸轮的紧钉螺丝对齐，贴紧后拧紧紧钉螺丝。把摇杆支轴放入机壳上摇杆轴固定槽中，用螺丝压紧。

安装要求：

（1）挑线杆不可左右晃动。

（2）小连杆转动灵活轻滑且无轴向窜动。

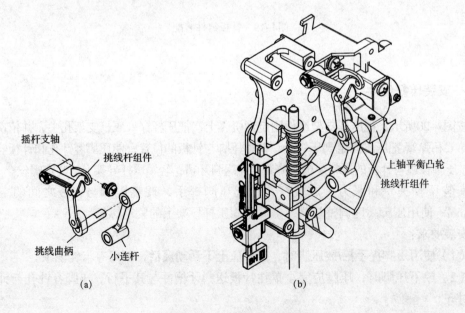

图4-21 挑线杆组件装配

4.2.10　安装曲折缝组件

如图4-22所示，把针隙调节螺丝安装到机壳上，并用防松螺母固定；把曲折缝组件上的针杆夹头轴穿入小连杆孔内，依图示把曲折缝组件固定到机壳上；把机针安装到针杆上，旋转针隙调节螺丝，使机针位于针板容针孔的中间位置。

安装要求：

（1）针杆支架应能左右灵活摆动且无轴向窜动。

（2）针杆能够灵活轻滑地做上下往复运动，没有卡轧现象。

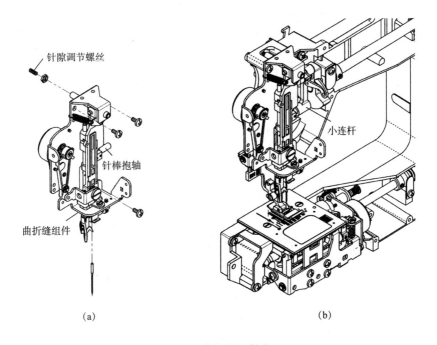

(a)　　　　　　　　　　　　　　　(b)

图4-22　曲折缝组件装配

4.2.11　调整机针高度及穿线器位置

按图4-23（a）所示，把机针置于针板中间位置，转动手轮使机针位于最高点，松开针杆夹头上的止动螺丝，移动针杆，使针尖到针板的距离在（16.1±0.2）mm，使用针高量具调整，然后拧紧止动螺丝。

松开穿线器定位块上的紧钉螺丝，下拉穿线器并把穿线器勾子穿入针孔中，再向上推动穿线器定位块，使之贴紧穿线轴上的限位销，然后拧紧紧钉螺丝，在拧紧穿线器定位块紧钉螺丝时，要注意与针杆夹头止动螺丝对齐，如图4-23（b）所示。

4.2.12　调整送料时间

当机针从最高点刚开始向下移动时，送料牙也开始向前移动，移动范围为0~0.3mm，如图4-24（a）所示。

把送料量设定到最大，逆时针转动手轮至送料牙刚开始向前移动时，松开下轴同步带

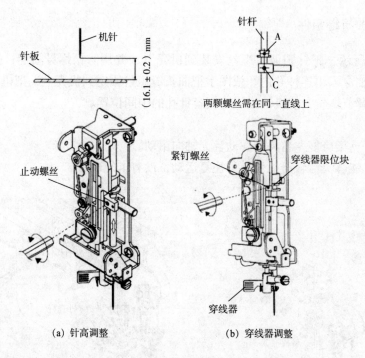

(a) 针高调整　　　　　　　　(b) 穿线器调整

图4-23　调整机针高度及穿线器位置

轮上的紧钉螺丝，转动手轮使机针位于最上点，轻锁紧钉螺丝，使机针从最高点刚开始向下移动时，送料牙也刚开始向前移动，然后锁紧下轴同步带轮上的止动螺丝。

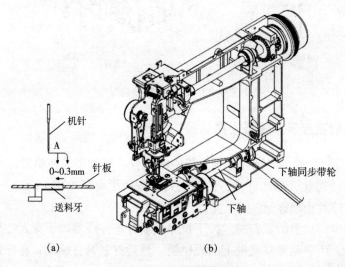

(a)　　　　　　　　(b)

图4-24　调整送料时间

4.2.13　调整针隙

　　由于曲折缝时针杆是按圆弧曲线摆动，只有针杆摆动中心与旋梭尖旋转中心一致时，才能确保在整个工作区间保持针隙一致，故调整针隙大小前，先要调整针隙平衡，如图4-25所示。

　　调整左右针隙平衡：拆掉针板，松开针杆支架轴内的止动螺丝A，调整针杆支架位置，使左针位针隙与右针位针隙相等，当左边针隙较大时将针杆支架向右推，反之亦然，然后拧紧止动螺丝A，如图4-25（b）所示。

　　调整针隙大小：如图4-25（c）所示，转动止动螺丝B，使机针与旋梭尖的间隙保持在0~0.15mm之间。

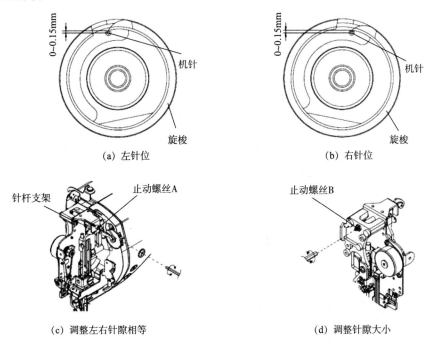

（a）左针位　　　　　　　　　　　　（b）右针位

（c）调整左右针隙相等　　　　　　　（d）调整针隙大小

图4-25　调整针隙

4.2.14　调整针梭交会位置

　　在左针位时，当机针从最下点向上运动，与旋梭勾尖交会时，针孔上缘到旋梭勾尖的距离在1.2~1.6mm之间，如图4-26（a）所示。

　　把机针推到针板左侧，松开下轴斜齿轮上的止动螺丝，转动旋梭使梭尖与机针交会，逆时针转动手轮，使机针从最下点向上运动至针孔上缘与旋梭尖距离在1.2~1.6mm之间，拧紧止动螺丝；继续转动手轮，确认针梭交会位置符合要求。

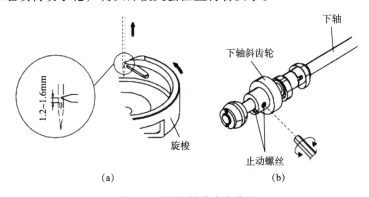

（a）　　　　　　　　　　　（b）

图4-26　调整针梭交会位置

4.2.15 调整送料牙高度

送料牙在最高位置时，送料牙齿尖与针板面的距离为0.9~1.1mm，如图4-27所示。

安装调整送料牙高度用针板，放下压脚，转动手轮使送料牙位于最高点，松开防松螺母，旋转抬牙螺丝来调整送料牙高度，使压脚与针板面的距离在0.9~1.1mm之间，然后锁紧防松螺母。

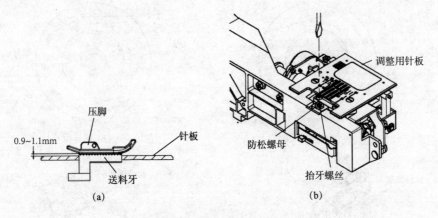

图4-27 调整送料牙高度

4.2.16 安装绕线器组件

按图4-28所示把绕线器组件安装在机壳上，调整绕线器上的离合推板位置，使绕线器轴在左侧（缝纫状态）时，离合推板与离合滑块脱离；绕线轴推向右侧（绕线状态）时，离合推板推动离合滑块向右运动，皮带轮与主轴脱离连接。

安装要求：

（1）绕线器离合状态要正确，绕线运转时不可有离合碰撞声。

（2）确认绕线感知开关在缝纫状态时闭合，在绕线状态时断开。

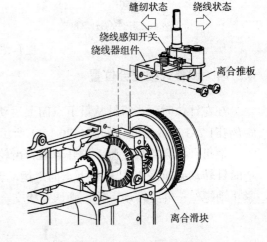

图4-28 绕线器组件装配

4.2.17 安装夹线器组件

按图4-29所示安装夹线器组件，把张力调节旋钮转到旋钮指示为"4"时,然后调节张力调节螺母，使缝线通过夹线器的张力设定在343.35~490.5mN（35~50gf），调整松线杠杆，使压脚提手在抬起状态时夹线器的张力为零。

安装要求：

（1）夹线器在抬起/放下压脚时，能够正确的松线/夹线。

（2）夹线器的张力要符合规定值。

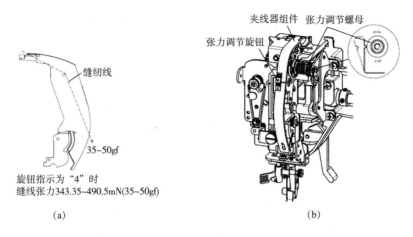

（a）　　　　　　　　　　　　　　（b）

图4-29　夹线器组件装配

4.2.18　安装电控组件

按图4-30所示，依次安装电源连接座、电源基板、主控基板、主电动机；安装电动机皮带，调节皮带松紧度［在皮带中部施加1.96N（200gf）压力时，向内位移7~9mm］；安装防止皮带脱落的皮带挡板和支撑用的辅助支板；把各传感器及执行部件的电子连接线插头插入主控基板对应的插座上。

安装要求：

（1）安装电控组件时要做好静电防护，以防电子元件被静电击穿损坏。

（2）各电子连接线与主控基板的连接要牢靠，不可松动。

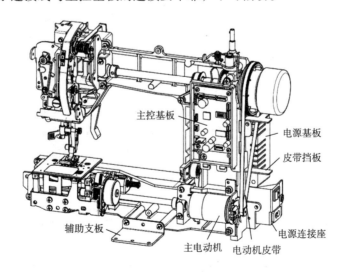

图4-30　电控组件装配

4.2.19　调整伸缩缝零位

把机器接入电源，选择如图4-31（b）所示花样，按图4-31（a）所示使用六角头螺丝刀调整零位调节螺丝的位置，使前进和后退的针迹能够重合。

当花样呈现如图4-31（b）中A所示表明调整完成，当花样呈现为B时应顺时针调整，当花样呈现为C时，应逆时针调整。

4.2.20 安装外观组件

如图4-32所示，先安装后盖和前盖组件，把前盖组件的电子连接线插头插入主控基板插座上，然后安装灯罩及附件盒等外观组件，检查各功能部件的配合性，设定各旋钮的状态，确认外观件配合并清洁机器。

安装要求：

（1）各外观件的配合间隙和段差要控制在0.5mm以内。

（2）外观件表面色差、污点、划伤、缩水、毛刺等缺陷要在限度范围内。

（3）安装前盖时要注意静电防护。

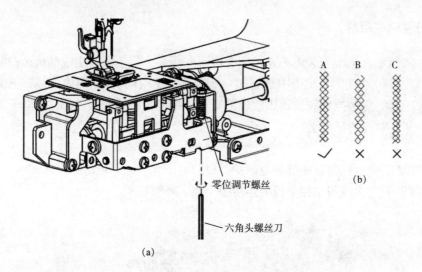

图4-31 调整伸缩缝零位

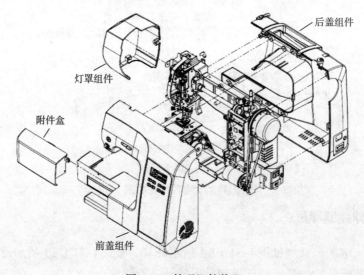

图4-32 外观组件装配

4.3 整机调试和检验

缝纫机在装配完成后，由于零件加工、装配等因素影响，可能会有缺陷，为了操作安全和检验要求，需要对产品进行检查和调试，确保缝纫机满足GB/T 30408—2013标准的要求。

4.3.1 产品质量要求

（1）外观质量要求。

① 装饰图案和文字应清晰、位置正确，应无明显伤痕、断裂等现象。

② 塑料件表面光滑平整，色泽基本一致，无明显伤痕。

③ 电镀件应无锈蚀、剥离，主要表面应无明显的气泡、泛点、针孔和毛刺，并且光滑、平整、色泽基本一致。

④ 凡与缝线、缝料接触的零件表面应光滑无锐棱。

（2）机器性能要求。

① 缝纫速度。

a. 最高缝纫速度：直形线缝不低于700针/min，曲形线缝不低于600针/min，装饰性线缝不低于550针/min，锁纽孔及文字类线缝不低于400针/min。

b. 最低缝纫速度：不高于150针/min。

② 最大线迹长度：不小于4mm（直形线缝）。

③ 最大线迹宽度：不小于6.5mm（曲形线缝）。

④ 机针（Nm110）在运动时，应不碰擦针板容针孔的边缘。

⑤ 压脚提升应灵活，当压脚提升到极限位置时，应能起解除针线张力的作用。

⑥ 停车精度：正常停车时，机针应停在上针位，此时针尖距离针板上表面的距离不应小于10mm，停车时，按动停针位按钮，机针应能在上/下停针位切换，且位置正确。

⑦ 绕线器性能良好，绕线均匀；绕线至梭心外径75%~95%时应能自动停止绕线。

⑧ 线迹长度、线迹宽度和针、梭线的张力应均能调节。调节后不应有自动改变位置的现象。

⑨ 针迹间宽度最大时，其左、右针迹对针基点的对称度应不大于0.4mm。

⑩ 针基点的偏移量应不大于0.1mm。

⑪ 线迹宽度为零，线迹长度在3mm时，顺向与倒向送料的线迹长度应基本一致，其相对误差应不大于15%。

⑫ 按产品说明书的规定使用穿线器，应能正确穿线。

⑬ 把升降牙拨杆设定到降牙档位，送料牙应能降低至针板下方。

（3）缝纫性能要求。

① 普通缝纫：不应有断针、断线、跳针及浮线等现象。

② 薄料缝纫：不应有断针、断线、跳针及明显起皱等现象。

③ 缝厚能力：不少于6层牛仔布（10盎司）。

④ 层缝能力：不应有断针、断线、跳针及浮线等现象。

⑤ 密缝缝纫：不应有断针、断线及跳针等现象，线迹排列均应整齐均匀。

⑥ 装饰性缝纫：不应有断针、断线及跳针等现象，每个周期的花样应一致。

⑦ 锁纽孔缝纫：不应有断针、断线及跳针等现象，线迹排列应整齐均匀。

⑧ 缝料层的潜移量在500mm长度内应不大于5mm。

（4）运转性能要求。

① 最高转速时，运转应平滑，无异常杂声，无卡轧现象。

② 空载运转时噪声声压级应不大于75dB（A）。

③ 启动转矩应不大于0.5N·m。

（5）电器安全性能要求。

① 电器装置应安装牢固。机头的电源线应具有耐油性，不允许与运动部件接触。

② 从缝纫机上的插座至脚踏式控制器之间的电线长度应不短于1.2m；从插座至电源线插头的电线长度应不短于1.9m。

③ 控制器应启闭灵活，接通电源后，控制器从初始状态到电动机转动，应有过渡性的空行程。调速时，应能平滑地加速或减速。

④ 耐电压性能：应能经受1min频率为50Hz或60Hz基本为正弦波的电压。基本绝缘1250V，加强绝缘3750V。耐压试验时漏电流为5mA。例行测试时使用2500VAC/3S。

⑤ 电压变动特性：额定电压在±10%内变化时，应能正常运转。

⑥ 启动特性：额定电压在90%时，应能启动缝纫机。

⑦ 绝缘电阻：应大于2MΩ。

4.3.2　检验方法

（1）外观质量检验。在光照度为（600±200）lx的光线下，检验距离为300mm，用目测判定。

（2）机器性能检验。

① 最高缝纫速度和最低缝纫速度应在空载状态下，用非接触式测速仪测试。测试条件及方法如下：

a. 拆下压脚，加注使用说明书上所规定位置的润滑油后，选择直形线缝线迹以最高转速运转3min以达到稳定状态后测量。

b. 直形线缝选301线迹，曲形线缝选304线迹，装饰性线缝选326线迹或类似线迹，锁纽孔及文字类线缝可任选一个线迹。线迹长度和宽度采用产品的默认值；

c. 测试最高缝纫速度：有手动调速功能的产品，将手动调速装置设定到最高缝速，启动产品至转速稳定；无手动调速功能的产品，操作控制器使产品在最高缝速状态稳定运转。

d. 测试最低缝纫速度：有手动调速功能的产品，将手动调速装置设定到最低缝速，启动产品至转速稳定；无手动调速功能的产品，操作控制器使产品在最低缝速状态稳定运转。

e．从产品启动至30s读记一次，产品停止30s，再次启动至30s读记一次，依此类推，连续测试5次；对有自动工作周期的线迹，在运转周期的中间段测试，完成一个周期测一次，连续测试五次。分别计算出算术平均值为测量值。

② 最大线迹长度：选定直形线缝，线迹长度设定为最大，其他按表4-1规定的试验条件进行普通缝纫，用精度不低于0.02mm的游标卡尺在直形线缝上，取最短的10个连续线迹，求其算术平均值即为最大线迹长度。

③ 最大线迹宽度：选定曲形线缝，线迹宽度设定为最大，其他按表4-1规定的试验条件进行普通缝纫，用精度不低于0.02mm的游标卡尺在曲形线缝上选取三个最小宽度的线迹，求其算术平均值即为最大线迹宽度。

表4-1 试验条件

序号	试验项目		采用机针	采用缝线	试料			线迹长度/mm	线迹宽度/mm	缝纫长度/mm	缝纫速度/（针/min）
					规格[a]	尺寸/mm	层数				
1	普通缝纫	直形线缝	随机机针	按基本参数选用	中平布	600×100	2	3	—	500	最高缝速[b]
		曲形线缝				600×100	2	2.5	最大	500	
2	薄料缝纫				绸料	400×100	2	2	—	300	
3	层缝缝纫				中平布	250×100	按图4-34	3	—	250	最高缝速[b]的80%
4	厚料缝纫				牛仔布(10盎司)	400×100	6	3	—	300	
5	密缝缝纫				中平布	400×100	2	≤0.4	最大	50	
6	装饰性缝纫					400×100	2	≤1[c]	自动控制	3×50	
7	锁纽孔缝纫					400×100	2	默认值[c]	3×10	最高缝速[b]
8	缝料层潜移量				按GB/T 4518—2013的规定						

a．所选试料规格按GB/T 406—2008的规定。

b．直形线缝：按直形线缝最高缝速；曲形线缝：按曲形线缝最高转速；装饰性线缝：按装饰性线缝最高转速；锁纽孔缝纫，按锁纽孔及文字类线缝最高转速。

c．装饰性缝纫及自动锁纽孔装置的机型，按产品设定的默认值或产品说明书的要求规定。

④ 机针与针板容针孔的间隙：用手转动上轮，目测检查机针（Nm110）在左、中、右基点运行时，是否碰擦针板容针孔的边缘。

⑤ 松线功能：放下压脚扳手，转动上轮使挑线杆位于最高点，按使用说明书要求穿绕针线，针线绕过挑线杆的穿线孔后垂直悬下，线端挂结质量为50g的砝码；提升压脚并锁住，在插线钉端拉动针线使砝码距离底板平面约20mm时打结将其固定，用剪刀剪断插线钉和机头上过线勾之间的线段，砝码应能自行落下。

⑥ 停车精度：在正常缝纫过程中停车5次，目测机针是否停在上针位；任意启动缝纫机后停车，测量针尖到针板上表面的距离，连续试验5次，取5次的最小值。

⑦ 绕线器性能：以最高缝纫速度试验，用精度不低于0.02mm的游标卡尺测量绕线

直径。

⑧ 调节机构：在"缝纫性能试验"项目中，按产品使用说明书规定的方法调节。

⑨ 左、右针迹对针基点对称度测量按以下方法进行：

a. 把送料牙调至低于针板面，装上专用机针（图3-35），当机针处于下极限位置时，针尖应低于针板上平面0.5~1.5mm，用130g/m²胶版印刷纸或其他相当质量的纸并用压脚将纸压紧，选定曲形线迹花样，然后按b、c步骤进行试验，用精度不低于0.02mm的游标卡尺测量。

b. 把针迹间宽度调至零，将机针处于中针位，转动上轮，在试料上刺得中基点。

c. 把针迹间宽度调至最大，转动上轮，在试料上刺得左、右针迹；测量左、右针迹到中基点的距离L_l和L_r后，按下述公式计算。

$$f_e = |L_l - L_r|$$

式中：f_e——最大针迹间宽度时，左、右针迹对中间点的对称度；

L_l——左针迹至中基点的距离；

L_r——右针迹至中基点的距离。

⑩ 针基点的偏移量测量按以下方法进行：

a. 选定直形线缝，把机针调至中针位，并使针杆处于上极限位置。

b. 在离针板上平面56mm处的针杆上，用百分表沿垂直送料方向测量（刀刃型触头）。

c. 转动上轴3圈，记下每转读数，取其中最大示值与最小示值之差为偏移量。

⑪ 顺、倒向线迹长度相对误差：选定直形线缝，把机针调至中针位，线迹长度调至3mm，以500针/min的缝速，在两层中平布上分别作顺、倒线缝各一行。测量顺、倒线缝上10个连续线迹的长度$t_{顺}$和$t_{倒}$。其相对误差按以下公式计算。

$$f_t = \frac{|t_{顺} - t_{倒}|}{t_{顺}} \times 100\%$$

式中：f_t——顺、倒向线迹长度相对误差。

⑫ 穿线器功能：按照产品说明书的规定操作，目测判定。

⑬ 升降牙功能：把升降牙拨杆设定到降牙档位，操作后目测判定。

（3）缝纫性能检验。试验前将机头外表擦净，清除针板、送料牙、摆梭以及过线部分的污物，加润滑油后，以最高缝速的80%运转5min，再按表4-1规定的试验条件逐项试验。缝纫速度用非接触式测速仪测试，试验缝纫速度允差为-1%。每项试验前允许调节压脚压力、缝线张力、线迹长度并进行试缝，但在正式试验时则不允许再调节。

① 普通缝纫：按表4-1规定，直形线缝和曲形线缝各缝纫500mm，目测判定。

② 薄料缝纫：按表4-1规定，选定直形线缝，缝纫300mm，目测判定。

③ 厚料缝纫：按表4-1规定，选定直形线缝，缝纫300mm，目测判定。

④ 层缝缝纫：将缝料按图3-36所示缝固，选定直形线缝，缝纫三行，目测判定。

⑤ 密缝缝纫：按表4-1规定，选定曲形线缝，缝纫50mm，目测判定。

⑥ 装饰性缝纫：按表4-1规定，任选三个花样，每个花样缝纫50mm，目测判定。

⑦ 锁纽孔缝纫：按表4-1规定，缝制三个长于10mm的纽孔，目测判定。

⑧ 缝料层潜移量：按GB/T 4518—2013规定的方法进行。

（4）运转性能检验。

① 运转噪声。将线迹长度调至3.5mm，线迹宽度调至4mm，提升压脚并锁住，以最高转速空载运转，用耳听法判定。

② 噪声声压级测定。

a. 线迹长度调至3.6mm，线迹宽度调至4mm。

b. 转速按曲形线缝最高缝速的90%。

c. 除满足上述两项试验要求外，其余按QB/T 1177—2007的有关规定进行试验。

③ 运转转矩。

a. 在普通缝纫项目中试验，目测判定，有无卡轧现象。

b. 启动转矩按QB/T 2252—2012的规定进行测试。

（5）电气试验。

① 电器装置：目测辅以手感判定。电源线的耐油性可由供货商的质量保证书保证。

② 电源线要求：电源线的长度用精度不低于0.5mm的1000mm钢直尺测量。

③ 控制器性能：缝纫机在空载情况下，抬起压脚，绕线器脱开，线迹长度和宽度调节至最大的状态下，操纵调速器。目测判定。

④ 耐电压：按GB 4706.1—2005规定的试验方法进行试验。

⑤ 电压变动特征：将电压在额定电压的±10%范围内变化，按直形线缝普通缝纫条件（表4-1）试缝300mm。

⑥ 启动特征：将电源电压调到额定值的90%，按直形线缝普通缝纫条件（表4-1）试验300mm。

4.4　电脑式家用多功能缝纫机操作与使用

电脑式家用多功能缝纫机操作简便，功能繁多，是否正确操作与使用缝纫机，关系到缝纫机的使用效率和寿命，本节介绍电脑式家用多功能缝纫机的基本操作方法、实用线迹调用以及机器的保养等。

4.4.1　各部分组成

电脑式家用多功能缝纫机组成如图4-33所示，其附属配件如图4-34所示。

4.4.2　缝纫机操作

本节介绍缝纫机各个部件的功用、操作方法及一些基本缝制技巧。

（1）连接电源/脚踏控制器。确保关掉缝纫机（把电源开关设定到"〇"），然后，如图4-35所示将电源线插头①插入软线插座，另一头插入墙插座②，把脚踏控制器插头③插入机器插座。缝纫机的回转速度可使用脚踏控制器来调整，脚踏控制器踏板压得越低，则回转速度越快。

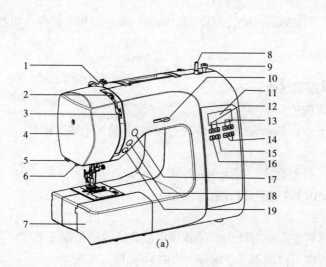
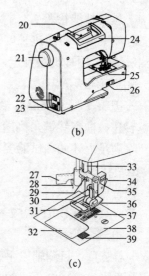

图4-33 电脑式家用多功能缝纫机组成

1—导线器 2—挑线杆 3—张力调节旋钮（DT旋钮） 4—灯罩 5—割线刀 6—BH拉杆 7—附件盒 8—绕线器轴
9—卷线量限定块 10—手动调速拨杆 11—LCD显示器 12—花样选择按钮 13—线迹长度调节按钮 14—线迹宽度调节按钮
15—双针按钮 16—BH选择按钮 17—针位按钮 18—倒缝按钮 19—启停按钮 20—放线棒 21—手轮 22—电源开关
23—软线插座 24—把手 25—压脚提手 26—降齿推钮 27—自动穿线器 28—引线器 29—导线器 30—压脚螺丝 31—机针
32—梭芯盖板 33—针杆 34—压脚托架 35—针夹螺丝 36—通用压脚（J） 37—送布齿 38—针板 39—梭盖释放钮

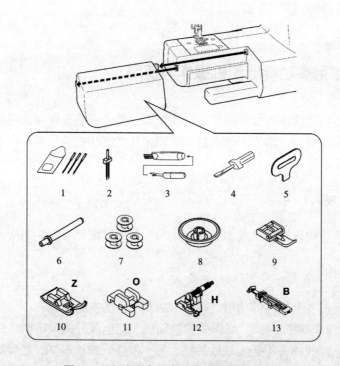

图4-34 电脑式家用多功能缝纫机附属配件

1—机针 2—双针 3—带刷挑线刀 4—小开刀 5—针板起子 6—辅助线架 7—梭芯 8—线驹盖 9—拉链压脚
10—交织压脚（Z） 11—钉扣压脚（O） 12—暗缝压脚（H） 13—自动锁眼压脚（B）

（2）电源/照明开关。开启电源/照明开关，机器才能操作。该开关同时控制电源和照明。在保养机器和更换机针时，必须关闭电源开关，如图4-36所示。

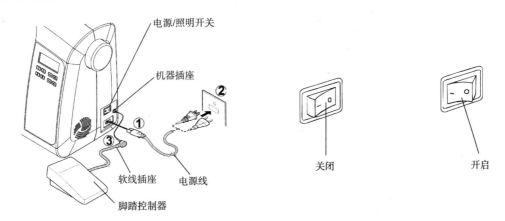

图4-35　电源及脚踏控制器　　　　　　　　图4-36　电源及照明开关

（3）使用线架（图4-37）。

① 使用水平线架：把线团放入水平线架，用线驹盖固定线团，保证平稳走线。如果线团上有挡线槽，则把挡线槽的一端放在线架的右端。

② 使用垂直线架：先装上垂直线架，再把线团放入线架。

（4）压脚提升装置。如图4-38所示，压脚有三个位置。

① 降下压脚，开始缝纫。

② 把压脚提手抬到中间位置，以便放入或者取出织物。

③ 把压脚提手升到最高位置，以便更换压脚或者取出厚织物。

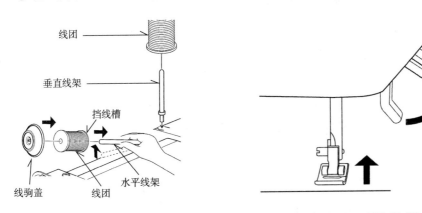

图4-37　使用线架　　　　　　　　　　　图4-38　压脚提升装置

（5）送料牙控制器。送布齿控制缝织物的移动。一般缝纫时，送布齿处于抬起位置，正常送布；如果是织补、手工自由绣花和缝绣交织文字，可把送布齿降下，人为导向织物，如图4-39所示。

（6）转换到筒式缝纫。缝纫机可以用作平板型，也可以用作筒式缝纫。装上附件盒，可增加工作台宽度，用作标准的平板型。取下附件盒，机器就变为细长的筒式自由臂，用于缝纫儿童衣服、袖子、裤脚和其他难以缝纫的地方。取下附件盒，如图4-40所示，双手握住，使劲往左全部拉出即可。要将它放回原位，将它往右移动，直到听到咔嚓一声到位为止。

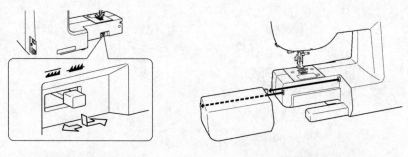

图4-39　落牙机构　　　　　　图4-40　转换到筒式缝纫

（7）绕梭芯。

① 把一个线团放入线架，用线驹盖加以固定，如图4-41（a）所示，从线团拉出线，把线绕过导线器。

② 如图4-41（b）所示，把线头穿入梭芯小孔。

③ 如果绕线器轴不在左边，则把绕线器轴往左推到底；把梭芯放到轴上，线头从梭芯上面拉出；然后把绕线器轴往右推，直到听到咔嚓一声，握住线头，如图4-41（c）所示。

④ 启动机器，绕线几圈后松开所握线头的手，当梭芯绕满后，机器会自动停止转动，此时把绕线器轴往左推，取出梭芯，把线切断，如图4-41（d）所示。

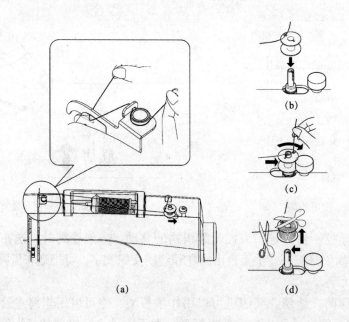

（a）　　　　　　　　　　　（d）

图4-41　绕梭芯

（8）穿底线。如图4-42所示，穿底线的步骤如下：

① 朝自己方向转动手轮，把机针升高到最高位置。

② 把释放按钮往右推，梭芯盖板会往上弹起足够高度，取下梭芯盖板。

③ 放入梭芯，保证拉线时梭芯逆时针转动。放入梭芯时一定要注意方向，因为如果顺时针转动，梭芯就不穿线，会引起缝纫问题。

④ 把线穿过槽口A，然后拉到左边。

⑤ 用手指轻轻握住梭芯顶部，拉线，直到线到达槽口B，然后再拉大约15cm（6英寸），再从压脚下面将线拉到机器背面。

⑥ 把梭芯盖板放回针板。

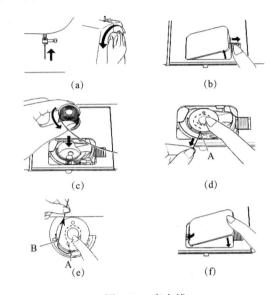

图4-42　穿底线

（9）穿面线。如图4-43所示，抬起压脚提手，朝自己方向转动手轮，升高机针直到露出挑线杆。

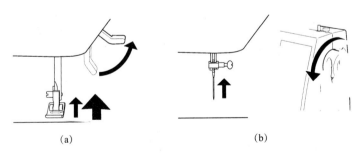

图4-43　设定挑线杆位置

如图4-44所示，按下列步骤完成穿面线工作：

先把线绕过导线器①；再把线拉入夹线器座②内，并拉到槽底；然后绕到夹线器座③的内部进行U形转弯；从右到左把线穿过挑线杆④并把线拉入挑线杆孔内；然后把线穿入导线器⑤；最后从前往后把线穿入机针⑥的孔中。

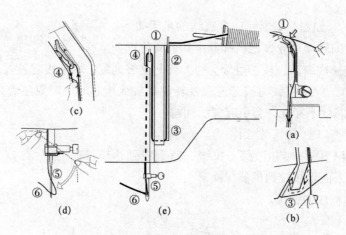

图4-44　穿面线步骤

（10）使用自动穿线器。先把机针移动到最上点，如图4-45所示如下步骤使用自动穿线器：

①把线勾在自动穿线器的导线钩上。

②握住线头，往下拉杆子。

③把杆子往机器后面转。

④把线导入钩端，往上拉线。

⑤退回杆子，机针会自动穿线。

⑥释放杆子，把线拉离自己。

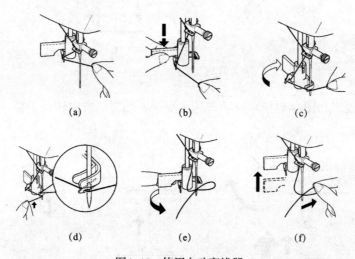

图4-45　使用自动穿线器

（11）勾底线。如图4-46所示，勾底线步骤如下：

①抬起压脚提手。

②左手轻轻握住线，逆时针方向转动手轮，使机针下降到针板下，继续转动手轮，直到机针到达其最高位置。

③轻轻把线往上拉，直到底线露出针板槽。

④把底线和面线放入压脚下面，一起往后面拉出约15cm（6英寸）。

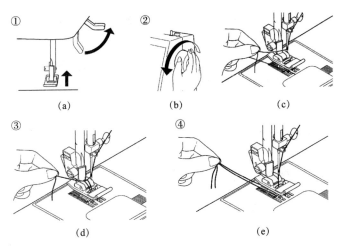

图4-46 勾底线

勾底线时手转动手轮的动作也可以利用针位按钮代替；连续按两次针位按钮，机器会执行一个由下到上的循环，机针在上面时停止。机针总是停止在最高位置是电脑式家用多功能缝纫机的一个特点。

（12）针、线和织物适配表。缝纫时要根据织物的类型选择机针和线，表4-2用来指导机针和线的选择。进行新的缝纫作业前，先对照表4-2，务必保证底线的线号和类型应与面线的线号和类型相同。

表4-2 针、线和织物适配表

布料类型		线	机针
轻、薄料	薄棉布 纺绸 绉纱	涤棉 100% 涤纶 9.72tex（60英支）丝光棉	Nm75(11#)
中料	灯芯绒/法兰绒 华达呢/斜纹布 亚麻/薄棉布 羊毛/绉纱	涤棉 100% 涤纶 11.66tex（50英支）丝光棉 锦纶	Nm90(14#)
中厚料	针织布 外衣布 牛仔布 帆布	涤棉 100% 涤纶 14.58tex（40英支）丝光棉 粗线	Nm100(16#) Nm110(18#)
针织料	编织 混纺 运动衫 经编针织	涤棉 涤纶 尼龙	Nm75(11#) Nm90(14#) Nm100(16#)

注 上述布料可由任何成分制成，包括棉布、亚麻、丝绸、羊毛、合成纤维、混纺等。

（13）更换机针。如图4-47所示，进行机针更换操作。

①往自己的方向（逆时针方向）转动手轮，使针上升到最高点，然后放下压脚。

② 往自己的方向（逆时针方向）旋转针夹头螺丝，松开机针，并往下取出机针。

③ 把新机针插入针夹头，针平端背向自己。

④ 尽量将机针往上推，同时按顺时针方向旋转拧紧针夹头螺丝。

更换机针时，可在压脚下放一块织物，以防止机针掉入针板槽。

图4-47　更换机针

（14）线张力调节。如图4-48所示，进行张力调节，90%的缝纫都把面线张力控制在"4"。

① 直线线迹，如果面线与底线都锁在缝织物层的中间，则说明两者张力平衡良好；如果当开始缝纫时，发现线迹不规则，则需要调节张力控制器。通常只有直线线迹缝纫才需要平衡张力。

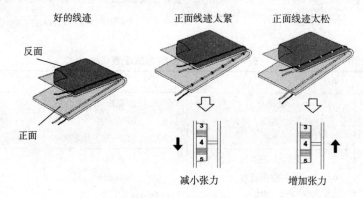

图4-48　面线张力调节

② 曲折和装饰缝纫，进行曲折缝线迹和装饰线迹缝纫时，面线的张力一般低于直线线迹所需张力；允许面线出现在织物的反面则可以得到美观的线迹，几乎没有褶皱。

③ 梭芯线张力在出厂前已经正确调节，一般不必再进行调节。

（15）更换压脚。把机针设定在最高位置，抬起压脚提手，如图4-49所示更换压脚。按下压脚释放按钮移去压脚；把所需压脚放在针板上，把压脚的销对准压脚托架的槽；放下压脚提手，使压脚托架滑入压脚。

（16）控制面板的功能。控制面板如图4-50所示。

① 选择所需花样，如图4-51所示，使用花样选择按钮选择花样。开启机器时LCD显示直线线迹编号"00"，可直接车缝直形线迹。按下▲或▼会将编号增加1或减少1。长按▲或▼会将编号增加10或减少10。

② 调节线迹长度和线迹宽度。当选定一个花样时，电脑缝纫机会自动按照最佳的线

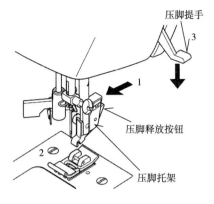

图4-49　更换压脚

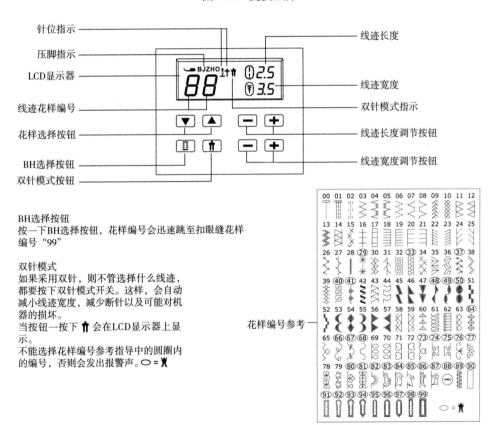

图4-50　控制面板

BH选择按钮
按一下BH选择按钮，花样编号会迅速跳至扣眼缝花样编号"99"

双针模式
如果采用双针，则不管选择什么线迹，都要按下双针模式开关。这样，会自动减小线迹宽度，减少断针以及可能对机器的损坏。
当按钮一按下 ⚡ 会在LCD显示器上显示。
不能选择花样编号参考指导中的圆圈内的编号，否则会发出报警声。◯ = ⚡

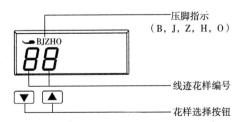

图4-51　选择花样

迹长度和线迹宽度产生所需的线迹。也可以根据自己喜好手动调节线迹长度、宽度及针位，如图4-52所示。

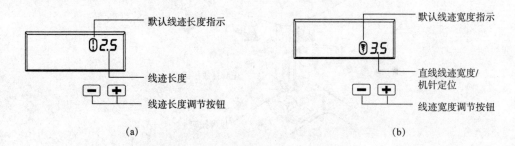

图4-52　调节线迹长度和宽度

（17）操作按钮。操作按钮可方便地进行各种基本的缝纫机操作，如图4-53所示。

①启停按钮，按下启停按钮，机器会开始自动缝纫，再按一下，机器会停止缝纫。

②针位按钮，按下针位按钮，可以抬高或者降低机针，连按两下，机器转一圈。

③倒缝按钮，在直线缝和曲折缝时，按住倒缝按钮进行倒缝，一直按住倒缝按钮，机器就一直倒缝，如图4-53（b）所示。选择其他线迹缝纫时，按下此键进行加固缝纫，可进行4个微小的附加线迹加固（直线线迹、曲折缝线迹和纽孔线迹除外），如图4-53（c）所示。

④手动调速拨杆，用来设定机器的缝纫速度。向左滑动手动调速拨杆，可以以较慢的速度缝纫，向右滑动手动调速拨杆，可以以较快的速度缝纫。

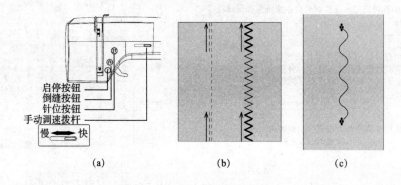

图4-53　操作按钮

（18）提示信息。如果操作不正确，机器将会显示异常信息提示，当出现异常信息提示，请按照以下方法消除错误，如图4-54所示。

（19）缝纫技巧。家用电脑缝纫机常用的缝纫技巧如下：

①试缝：先在废弃的布料上，使用不同的线迹宽度和长度试缝，然后选取一种最好看的线迹。在正式缝纫时，选取最好看线迹的线迹宽度和长度进行缝纫。试缝时，要使用与缝纫工作相同的布料和线，同时检查线的张力。

②改变缝制方向：当缝纫到布料角落时，停止缝纫并按一下停针位按钮，使机针处于布料之中，然后抬起压脚提手，并转动布料（转动布料时以机针为枢纽轴）即可。

蜂鸣信号	对应的情况
一声	正常操作
二声	无效操作
三声	无效机器设定
五声	机器卡住

(a)

(b)

图4-54　提示信息

③ 缝制曲线：停止缝纫，然后略微改变缝制方向沿曲线缝纫；使用曲折线迹沿曲线缝纫时，在曲线处选择较短的线迹长度，可以取得更好的线迹效果。

④ 缝纫厚布料：如果难以将布料放在压脚下，则可以把压脚抬到最高位置，然后将布料放在压脚下。

⑤ 缝纫弹性布料或容易发生跳针的布料，要使用防跳机针及较大的线迹长度，必要时在布料下面放上一块衬布，将其与布料一起缝纫。

⑥ 缝纫薄布料或丝绸时，线迹可能偏离或无法正确推进布料；如果发生这类情况，请在布料下面放上一块衬布，将其与布料一起缝纫。

⑦ 缝纫伸缩布料时，可首先将多块布绗缝在一起，然后在不伸缩的状态下进行缝纫。

4.4.3　线迹功用及缝制方法

电脑家用多功能缝纫机内置种类繁多的线迹花样，能实现各种各样的功能，本节介绍常用的线迹花样功用及缝制方法。

（1）直线线迹（┊）。如图4-55所示，直线线迹是最常用的线迹之一。请按以下步骤

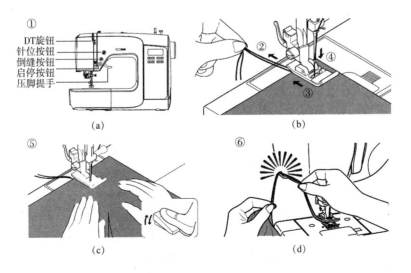

图4-55　缝纫直线线迹

进行缝纫：

①设定面线张力值为"4"，换上通用压脚（J）。

②把面线和底线从压脚下面往机器背面拉，留出约15cm（6英寸）。

③抬起压脚，把织物放到压脚下面，然后放下压脚。

④朝自己的方向（逆时针）转动手轮，直到针进入织物。

⑤启动机器，用手轻轻导向织物，到达织物边缘时，停止缝纫。

⑥停止缝纫时机针会自动停在上停针位置（如果停在下停针位置，可以按一下针位按钮切换到上停针位置），此时抬起压脚，把织物拉到后面，用灯罩底部的割线刀割掉多余的线。

（2）曲折缝线迹（〰）。如图4-56所示，换上通用压脚（J），并设定面线张力值为"4"。曲折缝缝纫时，由于缝线、织物、针距和缝纫速度不同，允许面线出现在布料的底部，但不允许底线出现在布料上面。若底线被拉到上面，或者布料起皱，可调整上线张力旋钮减小面线张力。曲折缝花样的默认线迹长度为2mm，线迹宽度为5mm，可以使用线迹长度/宽度调节按钮来调整线迹的长度和宽度。

把线迹长度调整到0.5~1.5mm之间，可以缝制出缎纹形线迹，如图4-56（b）所示，这是一种密集美观的线迹，用于贴边套结等。缝制缎纹线迹时，要稍微减小面线张力，如果是在透明薄纱上缝制，需加衬布以防起皱。

（3）仿手工珠边缝（⁝）。该线迹设计得好像仿手工缝线迹和绗缝线迹，如图4-57所示。先把梭芯换上所需的颜色线（在缝制时，机器会把该线拉到面上），把面线换成与织物匹配的颜色的细线或不易发现的线，适当增加面线张力，直到达到所需的效果。

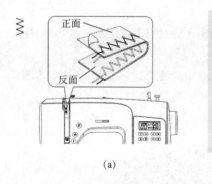

图4-56 曲折缝线迹

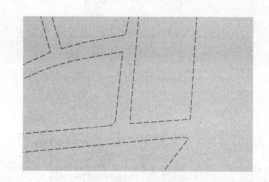

图4-57 仿手工珠边缝

（4）缝拉链和嵌线滚边缝。用拉链压脚可以车缝拉链的右边或左边，也可以车缝嵌线。

缝拉链右侧时，把拉链压脚的左侧固定到压脚托架上，使机针落在压脚左侧的孔口；缝拉链左侧时，把拉链压脚的右侧固定到压脚托架上，如图4-58（a）所示。

若要嵌线滚边缝，将斜条滚边包裹住嵌线，用珠针固定在布料上，根据需要选择拉链压脚左侧或右侧固定在压脚托架上，（类似缝拉链）进行嵌线车缝，如图4-58（b）所示。

（5）暗缝线迹（〰）。暗缝线迹主要用于西裤、裙子等。如图4-59所示，若要使用暗缝线迹，需换上暗缝压脚（H），并设定面线张力值为"4"，按下列步骤缝纫。

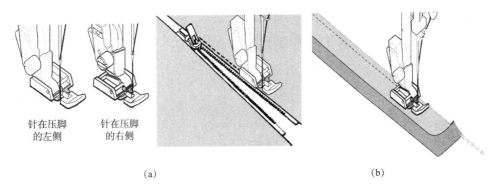

针在压脚
的左侧　　针在压脚
　　　　　的右侧

(a)　　　　　　　　　　　　　　　(b)

图4-58　缝拉链

① 首先，修整布料的毛边，把它翻折在薄织物下面，或者把它覆盖在中厚织物上面，然后翻卷进所需的深度后，压住并用珠针别住。

② 翻折织物使反面朝上，把织物放到压脚下面，逆时针转动手轮，直到针完全到左边。它应只穿刺织物的折边。否则调节暗卷缝线迹压脚A上的导线器B，使得针刚好只穿刺织物的折边，慢慢地缝纫，使织物沿导线器的边缘导向。

③ 当完成缝纫时，线迹通常在布料的右边，在布料的正面，呈点状线迹。

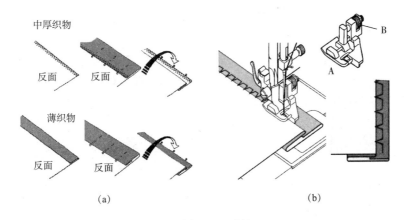

中厚织物

反面　　　反面

薄织物

反面　　　反面

(a)　　　　　　　　　　　　(b)

图4-59　暗缝

（6）四点曲折缝线迹（ ）。四点曲折缝线迹使用通用压脚（J），面线张力设定值为"4"。四点曲折缝将三条短线合并成一条线迹，它常被用于所有类型布料的包缝，该线迹同样可以作为套结、修补、拼缝、缝松紧带等的理想选择，如图4-60所示。

（7）贝壳形线迹（ ）。贝壳形线迹使用通用压脚（J），面线张力设定值为"4"，如图4-61所示。翻折毛边并把它压住，使织物正面朝上，使得线迹曲折部分刚好在折叠边的上面，往里拉织物，形成贝壳形卷边。剪去线迹线附近多余的织物。

（8）钉纽扣（ ）。钉纽扣需换用钉扣压脚（O），面

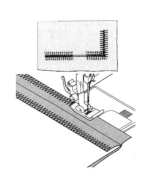

图4-60　四点曲折缝

线张力设定值为"4"，并降下送布齿，如图4-62所示。把织物和纽扣放在压脚下面，降下压脚，转动手轮，确保针能够自由进入纽扣的左右孔，交叉缝10个线迹。安装四孔纽扣

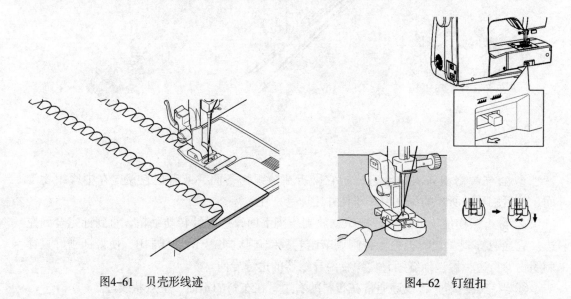

图4-61　贝壳形线迹　　　　　　　　　　　　图4-62　钉纽扣

时，先安装靠近自己的两孔，然后往缝纫机后面滑动纽扣，使得针进入另外两孔，用同样的方法把它们钉住。

（9）常用装饰线迹。图4-63~图4-67列出常用的装饰线迹。其中图4-63显示了直线伸缩缝、蜂窝线迹、包边线迹和羽状线迹；图4-64显示了曲折伸缩线迹、双线包缝线迹、十字交叉线迹和衣襟滚边线迹；图4-65显示了梯形线迹、平行线迹、饰边线迹和斜针形线迹；图4-66显示了斜包边线迹、交叉线迹、希腊式线迹和边缝拼接线迹；图4-67显示了荆棘形线迹、鱼骨线迹、山形线迹和压缩线迹。装饰线迹一般采用通用压脚（J）或交织压脚（Z），面线张力设定值为"4"。

① 直线伸缩线迹，如图4-63（a）所示。它比一般的直型线迹更加牢固，因为它锁合3次——正向、反向、再正向，特别适合用于运动服和厚料的加固缝，还有弧形接缝；此线迹也适合于西服的翻领、领口和袖口的缝纫，以致可以完成整件专业成衣制作。

② 蜂窝线迹，如图4-63（b）所示。通常用于腰围、袖窿的收缩装饰缝纫，也可以用于普通装饰。

③ 包边线迹，如图4-63（c）所示。特别适合运动服，可以同时完成包边和缝合的线迹。对于修补毛边和旧衣服的边也十分有效。

④ 羽状线迹，如图4-63（d）所示。由于这种线迹美观，所以可用于装饰和花边缝。它也是进行绗缝和抽纱的理想选择。

⑤ 曲折伸缩线迹，如图4-64（a）所示。主要用于装饰缝纫或伸缩面料缝纫，它是衣服领饰、袖口、袖筒和褶边包缝的理想选择，当手动调节针幅为非常窄时，可以对厚实的布料进行接缝。

⑥ 双线包缝线迹，如图4-64（b）所示。双线包缝线迹有三个主要作用，它非常适用于制作女式内衣扁平的松紧带，可以简易锁边，还可以一个操作同时完成锁边和缝合，此

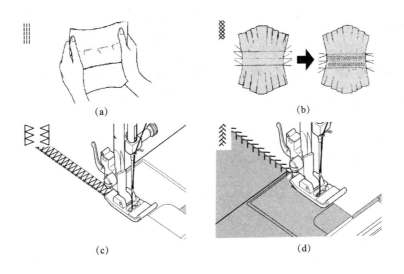

图4-63　直线伸缩缝、蜂窝线迹、包边线迹和羽状线迹

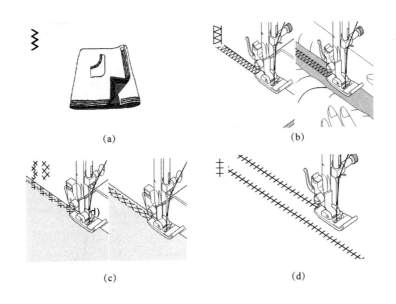

图4-64　曲折伸缩缝、双线包缝、十字交叉缝和衣襟滚边线迹

线迹还用于轻微弹性布料或无弹力布料，如亚麻布、花呢以及中厚棉布。

⑦ 十字交叉线迹，如图4-64（c）所示。用于缝制和修饰弹力织物，或者特别用于装饰镶边。

⑧ 衣襟滚边线迹，如图4-64（d）所示。它是一种很有用的滚边装饰线迹，通常需要配合使用翼形针（2040类型），以在缝纫线迹中形成拉花效果。

⑨ 梯形线迹，如图4-65（a）所示。梯形线迹主要用于抽线缝，也可以用相同或不同的颜色缝纫一条细长的带子。如果此线迹缝纫在带子中间，则会达到一种特殊的装饰效果。梯形线迹还可以贴缝细长的丝带、纱带或扁平松紧带。做抽线作品时，可以选择一块

亚麻布，再用梯形线迹来缝纫。

⑩ 平行线迹，如图4-65（b）所示。平行线迹是传统的线迹花样，适用于饰边或贴布缝纫。

⑪ 饰边线迹，如图4-65（c）所示。饰边线迹也是传统的手工装饰线迹，用于毛毯边的锁缝。也用于沙发缝边、贴布、抽纱、流苏饰边等用途。

⑫ 斜针形线迹，如图4-65（d）所示。要想缝纫出美观的斜向包边线迹，布料与台板必须接触良好，沿着布料的边缘作装饰缝纫。

⑬ 斜包边线迹，如图4-66（a）所示。通过一个操作完成缝合和包边，并形成一条

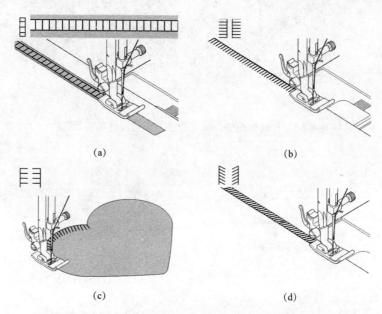

（a）   （b）

（c）   （d）

图4-65　梯形线迹、平行线迹、饰边线迹和斜针形线迹

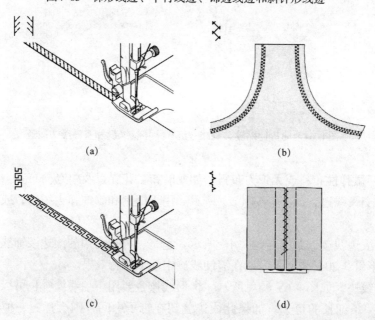

（a）   （b）

（c）   （d）

图4-66　斜包边线迹、交叉线迹、希腊式线迹和边缝拼接线迹

细长的辅助线缝，该线迹尤其适合于弹力锦纶、针织物和毛巾布制作泳衣、运动服、T恤衫、婴儿服饰等。

⑭ 交叉线迹，如图4-66（b）所示。该线迹用于缝制修饰弹力织物或者用于装饰品。

⑮ 希腊式线迹，如图4-66（c）所示。这是一种传统的花样，适用于装饰镶边以及边缘修饰。

⑯ 边缝拼接线迹，如图4-66（d）所示。这是一种特殊的装饰缝线迹，可用于拼接两块不同的织物，并在两块织物之间只留出一小片空间，适用于袖子或者上衣和女装大的前片。

⑰ 荆棘形线迹，如图4-67（a）所示。这是一种多能的线迹，用于拼合织物衣片，也可以作为装饰性点缀。

⑱ 鱼骨线迹，如图4-67（b）所示。该线迹用于缝制装饰性滚边，也用于刺绣。

⑲ 山形线迹，如图4-67（c）所示。该线迹用于缝制装饰性滚边，也用于刺绣。

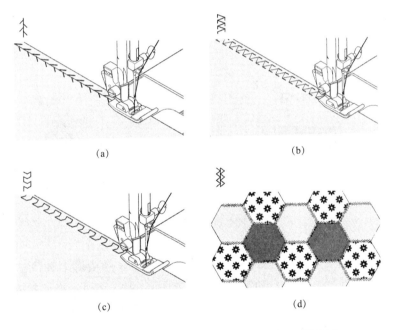

(a)   (b)

(c)   (d)

图4-67 荆棘形线迹、鱼骨线迹、山形线迹和压缩线迹

⑳ 压缩线迹，如图4-67（d）所示。该线迹是一种传统的线迹，常用于拼布缝纫，也用来修补运动衫、针织毛衣等弹力织物。

（10）其他装饰性线迹。图4-68显示其他的装饰线迹，这些线迹使用通用压脚（J）或交织压脚（Z），面线张力设定值为"4"。下面是如何缝制这些线迹的实例。在正式缝纫之前，请先在相同织物上试缝，以达到最佳效果。在开始缝之前，检查梭芯是否绕有足够的缝线，保证缝制时不会缺线；为了获得最佳的结果，在缝纫时，可在织物下面衬一块衬布。

（11）扣眼缝功能。电脑缝纫机包含了自动扣眼缝、包线扣眼缝和织补等种类多样的扣眼缝功能，使用扣眼缝功能时，要换用自动锁眼压脚（B）。

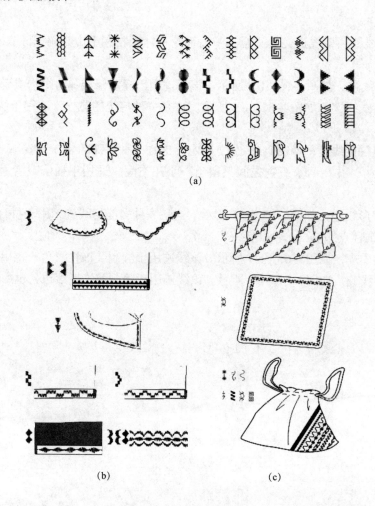

图4-68 其他装饰线迹

① 自动扣眼缝，包括了平头、小圆头、大圆头、半圆头等多种风格，缝制步骤如下：选择一个纽孔花样，换上自动锁眼压脚，如图4-69（a）所示把纽扣放入自动锁眼压脚槽内；拉下BH拉杆C，使得它垂直落在挡块A与挡块B之间，如图4-69（b）所示；在织物上标记纽孔的位置后，放到压脚下面，底线拉出约10cm，使织物上的纽孔标记对准自动锁眼压脚上的标记，然后放下自动锁眼压脚，轻拉着上线开始缝纫，机器自动按图4-69（d）所示顺序缝纫，缝纫完成后会自动停止。缝制完成后，取出织物，在纽孔中心用带刷挑线刀割开织物，如图4-69（e）所示。

② 包线扣眼缝，如图4-70所示。把嵌线的头部环勾住锁纽孔压脚的后端凸尖，将套在凸尖上的嵌线从压脚后端到前端拉直，将两个线头打结后，开始扣眼缝，注意锁缝线迹要包裹住嵌线。完成锁孔后，从压脚下放开嵌线，剪去多余的线头。

③ 织补线迹，如图4-71所示，可对布料进行织补缝纫。选择织补线迹，换上自动锁眼压脚，并把纽扣卡槽拉开2cm，放下BH拉杆C，使得它垂直落在挡块A与挡块B之间，然后按照自动扣眼缝的步骤缝纫。

（12）双针缝纫。双针可以缝纫出有趣的装饰效果，给双针穿上不同的色线，可以使

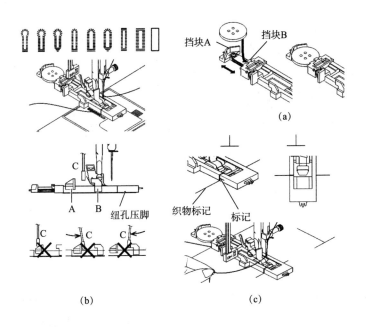

挡块A 挡块B

(a)

C

A B 纽孔压脚

C C C

(b)

织物标记 标记

(c)

1 2 3 4 5 6 7

1 2 3 4 5 6 7 8

自动锁眼压脚
对准位置

织物标记

(d)

(e)

图4-69 自动扣眼缝

凸尖

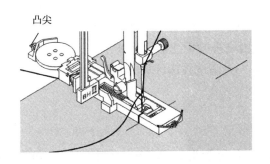

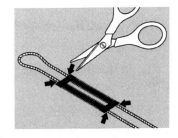

图4-70 包线扣眼缝

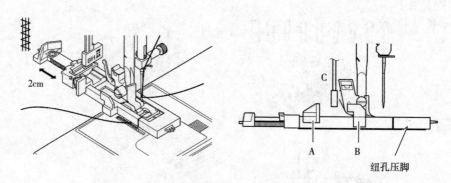

图4-71　织补线迹

线迹更加丰富多彩。双针缝纫时使用通用压脚（J），且只能使用手动方式穿线，穿线方式如图4-72（b）所示。

　　若要使用双针缝纫，按下双针模式按钮，LCD显示屏上显示"双针模式指示灯"符号，进入双针缝纫状态，如图4-72（a）所示；此时机器会自动减小线迹的宽度，避免双针扎到针板上而发生意外。

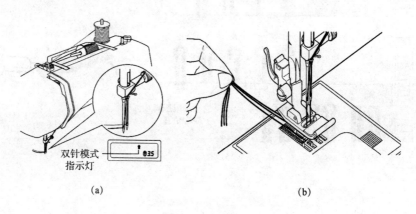

（a）　　　　　　　　　　　　　　　　　（b）

图4-72　双针缝纫

4.4.4　保养缝纫机

　　要确保缝纫机保持在最佳状况运行，减少故障，延长缝纫机的使用寿命，需要定期对缝纫机进行保养，HQ2700电脑缝纫机采用先进的免注油设计技术，大大简化了保养的难度，只要保持主要器件的清洁即可，图4-73是清洗梭床区域的方法，步骤如下：

　　（1）把针抬升到其最高位置。

　　（2）取下图中针板①。

　　（3）取下图中梭芯壳②。

　　（4）用软毛刷清洁送布齿和梭床区，如图箭头A、B所示，往旋梭加几滴缝纫机油。

　　（5）重新放上梭芯壳，其凸块③对着弹簧④。放上针板。

4.4.5 常见故障及排除

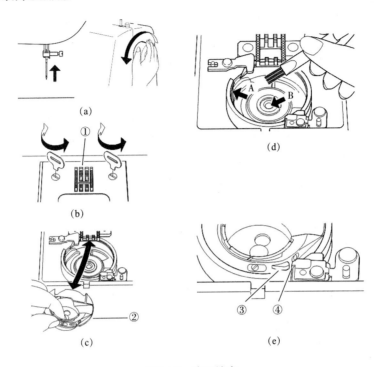

图4-73　清理梭床

缝纫机在使用过程中难免遇到各种操作问题，本节是一些常见故障及排除方法。

（1）一般问题及解决方法。

① 机器不能缝纫。

a. 电源开关未开启——开启开关。

b. 在缝制线迹花样时，BH拉杆未升起——升起BH拉杆。

c. 在缝制钮孔时，BH拉杆未降下——降下BH拉杆。

d. 绕线器工作——绕线器轴推向左边。

② 机器不运转。

a. 线卡在旋梭上——清洁旋梭。

b. 机针损坏——更换机针。

③ 布料不移动。

a. 压脚未放下——放下压脚以压住布料。

b. 线迹长度太短——操作调节针距按钮，增加线迹长度。

（2）线迹问题及解决方法。

① 跳针。

a. 机针未正确装入针夹头——重新安装机针。

b. 机针弯曲或者变钝——换针。

c. 面线穿线不正确——重新穿线。

d. 线卡在旋梭上——清洗旋梭。

②线迹不规则。

a. 对所缝面料而言，针或线不合适——更换合适的机针或线。

b. 面线穿线不正确——重新穿线。

c. 面线太松——调整面线张力。

d. 送布不顺畅——缓缓导布。

e. 梭芯不能均匀出线——换梭芯。

③断针。

a. 送布不顺畅——缓缓导布。

b. 对所缝面料而言，针或线不合适——更换合适的机针或线。

c. 机针未正确装入针夹头——重新安装机针。

d. 使用双针，但是线迹宽度设定得太大——重设线迹宽度。

e. 线迹反面聚集多余的线——清理多余的线头。

f. 面线穿线不正确——重新穿线。

复习思考题

1. 电脑式家用多功能缝纫机有哪些特点？

2. 简述电脑式家用多功能缝纫机的曲折缝机构工作原理。

3. 简述电脑式家用多功能缝纫机的装配流程。

4. 电脑式家用多功能缝纫机如何缝制扣眼？

参考文献

［1］孙金阶，服装机械原理［M］.4版.北京：中国纺织出版社，2011.

［2］张春保，服装缝制设备原理与实用维修［M］.北京：中国轻工业出版社，2018.

［3］中华人民共和国国家标准.GB/T 30408—2013.计算机控制家用多功能缝纫机［S］.北京：中国标准出版社，2013.

［4］中华人民共和国轻工行业标准.QB/T 1175—2004.家用缝纫机曲形线缝锁式线迹机头［S］.北京：中国标准出版社，2004.

［5］中华人民共和国轻工行业标准.QB/T 2043—2011.直线缝锁式线迹缝纫机机头［S］.北京：中国标准出版社，2011.

［6］浙江制造团体标准.T/Z ZB 0563-2018.家用多功能电脑缝纫机［S］.北京：中国标准出版社，2018.